锥形分解高维多目标
进化算法及其应用

应伟勤 黄俊杰 邓亚丽/著

科学出版社
北京

内 容 简 介

本书首先系统介绍了高维多目标优化及其进化算法的发展现状与趋势、实现技术。然后针对高维多目标优化目前存在的难点，着重阐述了作者在锥形分解高维多目标进化算法方面的系统研究成果，包括锥形分解高维多目标进化算法的核心原理、设计与实现，介绍了在差异尺度、不规则前沿等一些极端情形下的相应扩展处理机制设计，举例说明了其在汽车驾驶室设计等工程问题中的应用。最后进一步深入分析了锥形分解约束高维多目标优化问题及其技术概况，详细地描述了锥形分解约束高维多目标进化算法的约束处理原理、算法设计与实现，并列举了其在水资源规划等实际约束工程问题中的应用。

本书可供多目标进化算法相关领域的研究人员和工程技术人员参考，也可供计算机、人工智能、软件工程、自动化、控制与系统工程等相关专业的高年级本科生和研究生使用。

图书在版编目(CIP)数据

锥形分解高维多目标进化算法及其应用/应伟勤，黄俊杰，邓亚丽著. —北京：科学出版社，2020.6
ISBN 978-7-03-065348-2

Ⅰ. ①锥… Ⅱ. ①应…②黄…③邓… Ⅲ. ①最优化算法-研究 Ⅳ. ①O242.23

中国版本图书馆 CIP 数据核字 (2020) 第 096722 号

责任编辑：郭勇斌　肖　雷　邓新平/责任校对：杜子昂
责任印制：张　伟/封面设计：众轩企划

*科学出版社*出版
北京东黄城根北街 16 号
邮政编码：100717
http://www.sciencep.com

北京中石油彩色印刷有限责任公司 印刷
科学出版社发行　各地新华书店经销

*

2020 年 6 月第 一 版　　开本：720×1000　1/16
2020 年 6 月第一次印刷　　印张：10
字数：167 000

定价：78.00 元
(如有印装质量问题，我社负责调换)

前　　言

　　多目标优化问题广泛存在于实际工程领域中。在多目标优化问题中，由于多个目标之间的冲突性，优化某个特定目标通常需要以其他目标的劣化作为代价。因此这类问题很难获得一个同时满足所有目标均最优的方案，只能获取一组各目标相互权衡的折中帕累托解集。进化算法是一类模拟自然界生物进化的全局随机搜索的启发式优化算法，与传统的搜索寻优方法有很大的不同，它不要求所求解的问题具有连续、可导性质，并且它仅运行一次就能够得到一组帕累托解集，而不像传统的搜索寻优方法那样需要多次运行才能构造出一组帕累托解集。因而进化算法在本质上非常适合并且广泛应用于求解多目标优化问题。

　　随着工程问题复杂程度的提高，多目标优化问题中涉及的优化目标数越来越多，约束条件也越来越复杂，现有的进化算法在处理这类高维多目标优化问题时存在一些挑战性问题，这也使得使用进化算法处理高维多目标优化问题成为近年来进化计算领域的一个研究热点。本书内容是作者主持或参与的国家自然科学基金青年基金项目、广东省自然科学基金项目、广州市珠江科技新星项目研究成果的结晶。本书在介绍现有多目标进化算法的基础上，主要针对高维多目标优化问题的难点，详细阐述了作者通过长时间的科研实践设计与提出的锥形分解高维多目标进化算法的核心原理、流程与实现，并通过大量的实验验证了它不仅可以高效地处理高维多目标优化问题，同时还能够有效地弥补经典分解型多目标进化算法的一些不足。

　　从学术意义角度上来说，本书所设计的锥形分解高维多目标进化算法旨在为读者提供一种性能较优的高维多目标优化工具，在保证运行效率优势的前提下明显提高分解型多目标进化算法的求解质量；同时也进一步扩展到尺度差异、不规则前沿、带约束条件等多种情形的复杂高维多目标优化问题。从工程实践的角度来说，本书所介绍的锥形分解高维多目标进化算法可进一步应用于汽车驾驶室设计、水资源规划等各种现实问题的求解，能够帮助工程技术人员在面对这些现实世界复杂高维多目标优化问题时获得更优的解集，从而作出更佳的决策。

　　在本书的撰写过程中，作者力求系统且详细地介绍锥形分解高维多目标进化算法，在内容的选取上尽量详略得当，实验设计上力求科学严谨，并结合实际工程案例以供学者和大众各取所需，期许各位读者都能够有所获益，共同促进多目标进化算法的发展与完善。

　　虽然作者在编写本书的过程中反复审校，全力确保本书内容的准确性，但由于作者水平有限,书中难免有疏漏之处,欢迎各位专家和读者批评指正。如果您有任何问题和建议,请发送邮件至电子邮箱 yingweiqin@scut.edu.cn,我们会认真采纳您的意见与建议,期待能得到您的真挚反馈和支持。

作 者

2019 年 11 月于广州

目　　录

前言
第1章　多目标优化概述 ·· 1
1.1　多目标及高维多目标优化问题 ·· 1
1.2　进化算法及多目标进化算法 ·· 2
1.3　高维多目标进化算法面临的挑战 ·· 3
1.4　分解型多目标进化算法的优势 ··· 5
1.5　进化算法中的典型约束处理策略 ·· 7
第2章　多目标进化算法基础 ·· 10
2.1　常见的代表性多目标进化算法 ··· 10
2.1.1　MOEA/D ··· 10
2.1.2　NSGA-Ⅲ ··· 11
2.1.3　MOEA/DD ·· 12
2.2　分解型多目标进化算法的标量化方法 ······································· 13
2.3　进化算法的交叉算子 ·· 15
2.4　多目标进化算法的性能评估指标 ··· 16
第3章　锥形分解高维多目标进化算法 MOEA/CD ································ 18
3.1　锥形分解策略 ·· 18
3.2　标量化方法 —— 带惩罚的方向距离 ··· 25
3.3　交叉算子动态选择机制 ··· 27
3.4　MOEA/CD 算法流程 ·· 28
3.4.1　MOEA/CD 主框架 ··· 28
3.4.2　初始化阶段 ··· 30
3.4.3　重组阶段 ·· 31
3.4.4　更新阶段 ·· 35
3.5　MOEA/CD 的算法复杂度分析 ·· 37
3.6　MOEA/CD 算法的实验测试与结果分析 ···································· 38
3.6.1　实验配置 ·· 38
3.6.2　算法解集质量分析 ·· 43
3.6.3　算法运行效率分析 ·· 62

第 4 章 锥形分解高维多目标进化算法的扩展处理机制 · · · · · · 65
4.1 尺度标准化处理 · · · · · · 65
4.1.1 尺度标准化处理机制 · · · · · · 65
4.1.2 实验测试与结果分析 · · · · · · 67
4.2 不规则前沿的扩展处理 · · · · · · 70
4.2.1 方向向量自适应调整机制 · · · · · · 71
4.2.2 实验测试与结果分析 · · · · · · 73

第 5 章 锥形分解高维多目标进化算法的工程应用 · · · · · · 77
5.1 在车辆正面耐撞性设计上的应用 · · · · · · 77
5.1.1 车辆正面耐撞性设计问题的目标模型 · · · · · · 77
5.1.2 算法应用与分析 · · · · · · 79
5.2 在汽车驾驶室设计上的应用 · · · · · · 81
5.2.1 汽车驾驶室设计问题的目标模型 · · · · · · 81
5.2.2 算法应用与分析 · · · · · · 82

第 6 章 约束多目标优化基础 · · · · · · 85
6.1 约束多目标优化标准测试问题 · · · · · · 85
6.1.1 障碍型约束多目标优化标准测试问题 · · · · · · 85
6.1.2 断裂型约束多目标优化标准测试问题 · · · · · · 87
6.1.3 消失型约束多目标优化标准测试问题 · · · · · · 89
6.2 分解型多目标优化中的典型约束处理技术 · · · · · · 90
6.2.1 罚函数法 · · · · · · 91
6.2.2 二目标方法 · · · · · · 91
6.2.3 随机排序法 · · · · · · 93
6.2.4 约束占优原则 · · · · · · 95
6.2.5 约束容忍法 · · · · · · 96

第 7 章 锥形分解约束高维多目标进化算法 C-MOEA/CD · · · · · · 99
7.1 约束锥形分解策略 · · · · · · 99
7.2 锥形分层选择机制 · · · · · · 103
7.3 锥形分层更新机制 · · · · · · 104
7.4 C-MOEA/CD 算法流程 · · · · · · 105
7.4.1 算法主框架 · · · · · · 105
7.4.2 初始化阶段 · · · · · · 106
7.4.3 重组阶段 · · · · · · 107
7.4.4 更新阶段 · · · · · · 109
7.5 C-MOEA/CD 算法复杂度分析 · · · · · · 111

    7.6 实验结果与分析 ·· 111
        7.6.1 实验配置 ··· 111
        7.6.2 算法取得的解集质量 ·· 113
        7.6.3 算法运行效率 ·· 128

第 8 章 锥形分解约束高维多目标进化算法的工程应用 ························ 130
    8.1 在水资源规划上的应用 ··· 130
        8.1.1 水资源规划问题的目标与约束模型 ································· 130
        8.1.2 算法应用与分析 ··· 132
    8.2 在机床规划加工上的应用 ·· 135
        8.2.1 机床规划加工问题的目标与约束模型 ····························· 135
        8.2.2 算法应用与分析 ··· 136
    8.3 小结 ·· 138

参考文献 ·· 139

第1章 多目标优化概述

在现实生活和工程实践领域,存在很多复杂的优化和决策问题,这类问题往往需要同时优化相互联系又相互冲突的多个目标,这类问题被统称为多目标优化问题 (Multi-objective Optimization Problems, MOPs)[1-9]。本章将简要介绍多目标优化问题、高维多目标优化问题及多目标进化算法的基本背景知识,阐述高维多目标进化算法、分解型多目标进化算法及约束处理技术的国内外研究现状。

1.1 多目标及高维多目标优化问题

多目标优化问题广泛存在于我们的现实生活和工程实践中。例如,规划机器人移动路径时,应当综合考虑多个目标,既要使路径的总长度较短以节约移动时间,又要保持路径的平滑度以减少复杂的大角度转向动作,还要提高路径的安全度以防止机器人某些部位与障碍物发生摩擦等[10]。又如,深度神经网络应用大量涌现,由于手机等移动设备资源受限,神经网络的神经架构搜索除了要考虑精度这个目标以外,通常还需要同时考虑计算量、功耗等多个优化目标。具体来说,在为移动设备的图像超分辨率功能设计深度卷积神经网络模型架构时,设计目标不仅要尽可能最大化架构的峰值信噪比 (Peak Signal-to-Noise Ratio, PSNR) 以便降低恢复图像的失真程度,还要最小化架构的计算成本以便在恢复能力与计算成本之间达到平衡。相当一部分多目标优化问题通常还受到各种环境因素的影响需要满足一定的约束条件,我们称之为约束多目标优化问题 (Constrained Multi-objective Optimization Problems, CMOPs)[1-9]。例如,在部署传感器网络时,需要尽可能地减少传感器节点的功耗,使得网络在无人值守的情况下尽可能长时间地工作,还需要尽可能地精简网络的结构,减少传感器节点的数量以节约硬件成本,然而这些目标都需要建立在网络覆盖率达标的前提条件下,否则无法按照预定要求成功完成任务[11-13]。

当要优化的目标数等于或多于 4 个时,我们称这类特殊的多目标优化问题为高维多目标优化问题[14-18]。例如,城市暴雨排水系统,它包含运输降水、降水储存与净化、防洪防涝、检测水源各类物质等功能。当规划城市暴雨排水系统时,在满足这些功能的情况下,通常需要尽可能最小化成本,包括排水道网络设施的开销费用、储水设施的开销费用、净化设施的开销费用、洪灾导致的直接损失费用、洪灾导致的间接损失费用,这是一个 5 目标优化问题。再比如,机床加工时,需要最小化表面粗糙度、最大化表面完整性、最大化工具生命周期及最大化金属切削速度,这是一个 4 目标优化问题。随着目标数的增多,高维多目标优化问题的求解变得更加困难。近年来,高维多目标优化问题及其求解方法受到越来越多的关注,已经成为优化领域的重要组成部分。

1.2 进化算法及多目标进化算法

一个约束多目标优化问题[1,2] 一般可形式化地描述如下:

$$
\begin{aligned}
\text{minimize} \quad & \boldsymbol{F}(\boldsymbol{x}) = (f_1(\boldsymbol{x}), f_2(\boldsymbol{x}), \cdots, f_m(\boldsymbol{x}))^{\mathrm{T}} \\
\text{subject to} \quad & g_i(\boldsymbol{x}) \leqslant 0, \ i = 1, 2, \cdots, p \\
& h_i(\boldsymbol{x}) = 0, \ i = 1, 2, \cdots, q \\
& \boldsymbol{x} \in \Omega
\end{aligned}
\tag{1-1}
$$

其中,$\boldsymbol{x} = \{x_1, x_2, \cdots, x_n\} \in \Omega$ 表示 n 维决策变量,Ω 称为决策空间;$\boldsymbol{F}(\boldsymbol{x}) \in \mathrm{R}^m$ 表示 m 维目标向量,由 m 个目标函数组成,R^m 称为目标空间;$g_i(\boldsymbol{x})$ 表示不等式约束,$h_i(\boldsymbol{x})$ 表示等式约束,这里有 p 个不等式约束和 q 个等式约束。当一个解满足上述所有不等式约束和可行约束时称其为可行解。

在多目标优化问题中,因目标本身的互相矛盾特性,优化某个特定目标通常需要以其他目标的劣化作为代价。因此这类问题很难获得一个同时满足所有目标均最优的方案,而是只能获取一组各目标相互权衡的折中帕累托解集,最后由决策者从中选择合适的候选方案。假定 x^a 与 x^b 均为可行解,$F(x^a) \in \mathrm{R}^m$,$F(x^b) \in \mathrm{R}^m$,那么当且仅当 $(\forall i \in [1, \cdots, m] : f_i(x^a) < f_i(x^b)) \wedge (\exists j \in [1, \cdots, m] : f_j(x^a) < f_j(x^b))$,我们称 x^a 帕累托占优 (Pareto Dominate)x^b,记为 $x^a \prec x^b$。如果一个可行解 x^* 不被任一其他可行解所占优,即 $(x^* \in \Omega) \wedge (6x \in \Omega, x \prec x^*)$,则解 x^* 称为帕累托最优解 (Pareto-optimal Solution),而 $F(x^*)$ 称为帕累托最优目标向量 (Pareto-optimal Objective Vector)。由这些折中的帕累托最优解组成的解集称为帕

累托最优解集 (Pareto-optimal Set, PS)。对应地，帕累托最优解集在目标空间中的目标向量组成的集合称为帕累托前沿 (Pareto Front, PF)，即 $\mathbf{PF} = \{\boldsymbol{F}(\boldsymbol{x}) \in \mathrm{R}^m | \boldsymbol{x} \in \mathbf{PS}\}$[19]。一个多目标优化问题的真实理想点 (Ideal Point 或 Utopian Point) 为 $\boldsymbol{z}^{\mathrm{ide}} = (f_1^{\triangle}(A), \cdots, f_m^{\triangle}(A))$，$f_i^{\triangle}(A) = \min_{\boldsymbol{x} \in \mathbf{PS}} f_i(\boldsymbol{x})$，$i \in [1, \cdots, m]$；其真实天底点 (Nadir Point) 为 $\boldsymbol{z}^{\mathrm{nad}} = (f_1^{\triangledown}(A), \cdots, f_m^{\triangledown}(A))$，$f_i^{\triangledown}(A) = \max_{\boldsymbol{x} \in \mathbf{PS}} f_i(\boldsymbol{x})$，$i \in [1, \cdots, m]$。由于在实践中对于大多数优化问题都缺乏前沿的偏好信息，所以获取一组帕累托最优解集，使其前沿能够更好地囊括所有可能出现的信息是非常关键的，这样能够提供更完整多样性的优秀解决方案，让决策者更容易依据自己的偏好进行决策与挑选候选解。

进化算法 (Evolutionary Algorithm, EA)[4-7] 是一类模拟自然界生物进化的全局随机搜索的启发式优化算法[20]。它能够用于一些目标函数不可微分或无闭合形式的优化问题[21]，同时一次运算就能够得到一组最终的帕累托解集，而不像传统搜索寻优方法需要多次运算才能构造最终的帕累托解集。所以通过使用进化算法，能够更好地获得一组囊括所有优化信息的帕累托解集或帕累托前沿。归功于进化算法的这些特征，在过去几十年内涌现了大量的多目标进化算法 (Multi-objective Evolutionary Algorithms, MOEAs)，以提高求解质量和效率。在所有的多目标进化算法中，选择是一个非常重要的组件。根据多目标进化算法中采取的不同选择策略，可以将多目标进化算法分为以下三类：帕累托占优型的 MOEAs[22-24]、指标型的 MOEAs[25-27] 和分解型的 MOEAs[28,29]。这三类多目标进化算法在优化获取最终的 PF 时，在种群的收敛性和多样性上都有自身的特点。这里收敛性意味着种群中的个体在目标空间中尽可能地接近 PF，多样性意味着种群中的个体沿 PF 尽可能均匀分布。

1.3 高维多目标进化算法面临的挑战

高维多目标优化问题[14-18] 是一类目标数大于或等于 4 的多目标优化问题，由于实际工程中对这类问题的需求越来越大，近几年对这类问题的研究成为进化计算领域一个重要的关注热点[30,31]。但随着优化问题的目标数的增大，高维多目标优化问题的求解会出现一些挑战性问题[32,33]。

①随着目标数的变大，种群中个体会变得互不占优，这对于帕累托占优型的多

目标进化算法来说，会在性能上带来很大的影响。因为在大多数帕累托占优型的多目标进化算法中，在进行种群选择时都是以帕累托占优为第一准则，然后再以其他多样性维护策略[34]为辅，如拥挤度[22]、k近邻等[24]。由于高维多目标优化问题中种群个体之间几乎都是互不占优，导致帕累托占优型多目标进化算法很难通过这两个准则来达到种群在收敛性和多样性上的平衡。然而由于分解型多目标进化算法中的个体选择机制主要依赖于更新策略和标量化方法，所以高维多目标优化问题的这一个特点对分解型多目标进化算法带来的影响较小。

② 在高维多目标优化问题中，由于对计算效率的考虑，种群规模是有限的，在有限的种群规模中，种群中个体在高维多目标空间中的分布将会变得非常稀疏。因此，每一个由父代个体通过重组操作生成的新个体很可能会与父代个体在高维多目标空间中相距较远，这对现有的一些种群选择策略会造成影响。

③ 随着优化问题的目标数的增加和种群规模的变大，进化算法的计算复杂度会急剧地增大，这导致求解高维多目标优化问题变得更难。这个挑战性问题因帕累托排序或种群指标计算对帕累托占优型的多目标进化算法和指标型的多目标进化算法影响尤为明显。

④ 在算法性能评估过程中，选择合适的性能评估方法来评估不同算法获得的解集的质量的优劣性对于高维多目标优化问题也是一个重要的挑战。

⑤ 对于高维多目标优化问题，算法获得的解集的可视化展示也是一个挑战，这主要是影响决策者在众多解集中选择合适的候选方案。

对于以上提及的求解高维多目标优化问题将会出现的挑战，分解型多目标进化算法在三类进化算法中受到的影响较小，将会是较好的选择之一。与此同时，在一些近年提出的处理高维多目标优化问题的进化算法中，一种流行的思想是运用分解的思想来改进传统基于帕累托占优型的多目标进化算法，如 NSGA-III (Non-dominated Sorting Genetic Algorithm-III)[29,35]和 MOEA/DD (Many-Objective Evolutionary Algorithm Based on Dominance and Decomposition)[19]。这两类算法都是引入分解的思想来维护种群的多样性，而种群的收敛性主要是靠帕累托占优来维护。但是，这种帕累托占优的处理方法在计算复杂度上仍然比较大，使得算法较为耗时。而现有的纯分解型的多目标进化算法如基于分解的多目标进化算法(Multi-objective Evolutionary Algorithm Based on Decomposition, MOEA/D)[28]及其相关变体，虽然最初设计都是为了求解多目标优化问题，但是考虑其在高维多目标优化上具有上述的选择压力、运行效率等优势，可以进一步扩展到高维多目标优化问题上。

1.4 分解型多目标进化算法的优势

在分解型多目标进化算法中，最为典型的就是基于分解的多目标进化算法 MOEA/D。在 MOEA/D 中，根据分解的思想，完整的多目标优化问题被分解成一系列子问题，每个子问题会与一个特定的权重向量关联。这些子问题通过由标量化方法计算的每个子问题的适应度值来进行同时优化，并且各个子问题之间在父代个体选择和个体更新操作时存在协作关系。在 MOEA/D 整个搜索过程中，种群选择机制对于维护种群的收敛性和多样性起到了关键作用。尽管 MOEA/D 的优越性能已经在很多论文中得到了验证，但原始的 MOEA/D 在处理一些复杂性问题时仍然会存在一些潜在问题，这些潜在问题可能会对某些子问题进行不恰当的更新而导致种群收敛性或多样性上的退化[36,37]。

图 1-1 举例展示了原始 MOEA/D 在处理复杂多目标优化问题时可能出现的两种潜在问题，最终分别影响种群的收敛性和多样性。在图 1-1 中，整个多目标优化问题被分解成 9 个子问题，即 $S_0 \sim S_8$，并且目前种群中的 9 个个体分别与这 9 个子问题关联。子问题 S_2 作为被选中用以选择父代个体并产生后代子个体。图中用 *

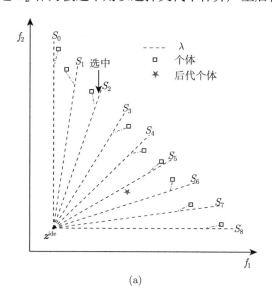

(a)

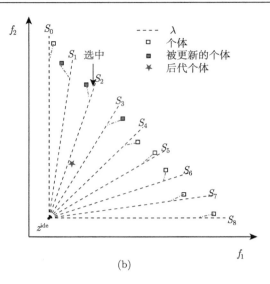

图 1-1 原始 MOEA/D 潜在问题示意图

表示生成的一个后代子个体,用 ■ 表示执行个体更新机制后该后代个体替换了当前种群中的个体。一方面,图 1-1a 展示了由于潜在问题影响种群收敛性的一种情况。即便新生成的后代个体有较好的收敛性,较为逼近理想点 z^{ide},但由于新产生的子个体与选中的子问题 S_2 及其邻居子问题 S_1 和 S_3 的参考向量距离较远,通过标量化方法计算出的适应度并不能优于 S_1、S_2 和 S_3 中当前已关联个体的适应度值,最终使得这个后代个体被舍弃了。另一方面,在 MOEA/D 中,使用个体更新操作时,会出现后代子个体使用标量化方法计算出的适应度值优于与其进行比较的多个子问题中的当前关联个体的情况,这样将导致当前种群中的多个个体都被该后代子个体所替换,因而破坏了种群多样性。这种情况可以用图 1-1b 进行解释说明,与 S_1、S_2 和 S_3 三个子问题当前关联的三个子个体 (用 ■ 标记) 因其适应度值比后代个体的适应度值差而被舍弃了,而新生成的后代个体将与这三个子问题都重新关联,种群的多样性明显降低。

为了提升 MOEA/D 处理复杂优化问题的性能,近年来若干 MOEA/D 变体算法被提出,这些算法使用了不同的处理方法来加强种群选择机制,应对处理复杂优化问题时可能遇到的潜在问题。MOEA/D-DE[38] 通过使用参数 n_r 代替在个体更新操作中的原有邻居数 T,以达到限制每个后代子个体替换种群中个体的最大数目。MOEA/D-CD 和 MOEA/D-ACD[39] 通过引进带约束的分解方法,限制每个子问题的更新区域。MOEA/D-DE 和 MOEA/D-CD 这两类算法中采用的策略都是为了减少同一个个体在整个种群中存在多个副本的机会，从而达到维护种群多样性的目的。MOEA/D-GR[36] 和 MOEA/D-AGR[40] 则是在种群选择过程中采用一种全局更新机制，这种机制首先通过新生成的后代子个体的目标函数值选择可用于更新的最适合子问题，然后再用原始 MOEA/D 中的更新操作来更新选中的子问题及其邻居子问题。通过这种更新机制可以减少更新不恰当子问题的情况。与此同时，一些其他分解型的多目标进化算法如锥形区域进化算法 (Conical Area Evolutionary Algorithm, CAEA)[29] 和锥形超体积进化算法 (Conical Hypervolume Evolutionary Algorithm, CHEA)[18] 的提出一方面是为了处理 MOEA/D 可能遇见的潜在问题，另一方面是进一步提升算法的运行效率。以上提到的各种分解型多目标进化算法在目标数较小的多目标优化问题上的性能在不同的文献中都得到了相应的验证，但是它们在高维多目标优化问题上的有效性仍有待验证。

本书提出的锥形分解高维多目标进化算法 (Many-objective Evolutionary Algorithm Based on Cone Decomposition, MOEA/CD)[6,41] 采用了高维多目标空间中更彻底更通用的锥形分解思想，它不仅将完整的 MOP 分解成一系列子问题，还为每一个子问题分配了一个独有的锥形子区域，然后每个后代子个体只需要更新它所归属的子区域对应的子问题。因此该算法能更有效地处理高维多目标优化问题，并能达到在求解质量与运行效率上的平衡。本书将在后续章节中介绍锥形分解高维多目标进化算法的设计与实现。

1.5 进化算法中的典型约束处理策略

进化算法本身并不具备处理约束的机制，因此已存在的无约束多目标进化算法需要额外添加有效的约束处理机制[42-44]才能拓展到约束多目标优化中。相比无约束多目标优化，进化算法处理约束的关键在于如何合理地处理进化过程中产生的不可行解。求解约束单目标优化问题的进化算法已经提出了一些常用的约束处理技术[45]，这些技术可为设计约束多目标进化算法提供借鉴。其中，罚函数 (Penalty Functions) 法[46] 是最简单和应用最广泛的约束处理技术，它通过起平衡作用的惩罚因子来综合约束违反程度和目标函数值。这种方法对违反约束条件的个体，在原来适应度值的基础上加上一个惩罚项作为新的适应度值，降低这些个体的适应性达到"惩罚"的效果，从而将约束优化问题转化为无约束优化问题。罚函数法需要引入一个惩罚因子，用来衡量对违反约束条件的"惩罚力度"。惩罚因子的选择是该方法的关键，如果惩罚因子太小，起不到惩罚的效果，对约束违反的处理力度不够；如果惩罚因子过大，则可能会降低有前景的不可行个体的竞争力，产生误差甚至导致错误。然而，惩罚因子往往和问题相关，合理的惩罚因子难以选定，存在欠惩罚和过惩罚的风险。

随机排序 (Stochastic Ranking, SR) 法[47,48]和约束占优原则 (Constraint-Domination Principle, CDP)[48]是两种非常具有应用前景的约束处理技术，两者的核心思想是将目标和约束分离，通过直接比较概率值或约束违反程度，避免了使用惩罚参数。NSGA-Ⅲ和MOEA/DD等算法均借鉴了约束占优原则的思想，对选择和更新等操作进行修改，增加了算法的约束处理能力。随机排序法中固定地比较概率值具有一定的盲目性，完全没有考虑参与比较的个体的约束违反程度差异和进化的进程等因素。约束占优原则中的占优关系明确地定义了可行解一定优于不可行解，这会导致不可行解在种群中迅速消失，使得多目标进化算法难以很好地利用不可行空间中非劣个体的有用信息，搜索集中在部分可行域，容易陷入局部最优陷阱。

在多目标进化算法的约束处理技术方面，Woldesenbet 等[49]通过修正各维目标函数将约束多目标优化问题转化为无约束的多目标优化问题，提出了一种将非支配排序遗传算法Ⅱ (Non-dominated Sorting Genetic Algorithm Ⅱ, NSGA-Ⅱ)[22]拓展到约束多目标优化问题上的方法。修正后的各维目标函数由两个部分组成：归一化的目标函数值和归一化的约束违反值。这两个部分通过一个不太严格的参数 r_f 加权求和得到最终修正后的各维目标函数值，其中参数 r_f 直接由当前种群中的可行个体比率控制。后续的流程与 NSGA-Ⅱ 类似，对种群中各个体按修正后的各维目标函数值进行非劣排序。该算法中的修正目标函数方法可视为罚函数法的一个修改版本，它使得一些目标函数值较好且约束违反值较低的不可行解也可进入较低非劣层级从而被选择到，从而利用可行空间及不可行空间两方面的非劣个体的有用信息引导算法搜索可行的非劣解。

另外，本书还提出了一种锥形分解约束高维多目标进化算法 (Constrained Many-objective Evolutionary Algorithm Based on Cone Decomposition, C-MOEA/CD)[50,51]，该算法在 MOEA/CD 的基础上引入了锥形分层约束处理技术，该技术主要包含约

束锥形分解策略、锥形分层选择机制、锥形分层更新机制三个部分。首先，约束锥形分解策略不仅将约束多目标优化问题分解成一系列约束单目标优化子问题，还将每一个子问题的目标和约束构成的二维空间划分为一系列约束子层。每个子问题和目标空间中特定的锥形子区域进行关联，通过 K-D 树这类数据结构可以快速定位个体属于哪个锥形子区域。其次，锥形分层选择机制在约束锥形分解策略的基础上，在选择父代个体时以不同概率选择不同约束子层，同时利用了可行个体和不可行个体的有效信息帮助种群进化，从而收敛到全局最优。最后，锥形分层更新机制在约束锥形分解策略的基础上，对于不同约束子层采用不同的精英保存策略，最大程度地利用了包括可行个体和不可行个体在内的所有个体的有效信息来帮助种群进化。在后面的章节中，本书将阐述多目标进化算法的约束处理技术的更多细节，并详细介绍 C-MOEA/CD 这种高效的分解型约束多目标进化算法是如何处理约束多目标优化问题的。

第 2 章 多目标进化算法基础

本章主要介绍多目标进化算法相关的一些基础知识。首先分别详述三类具有代表性的多目标进化算法 MOEA/D、NSGA-III和 MOEA/DD 的思想与流程,其次介绍分解型多目标进化算法中常用的三种标量化方法,以及进化算法中常用的两种交叉算子及其特点,最后列举多目标进化算法中常用的一些性能评估指标。

2.1 常见的代表性多目标进化算法

多目标进化算法主要有帕累托占优型、分解型和指标型三大类。其中指标型多目标进化算法因其通常具有较高时间复杂度,不如帕累托占优型和分解型使用广泛。本节将介绍分解型多目标进化算法 MOEA/D,以及帕累托占优型多目标进化算法 NSGA-III和 MOEA/DD。

2.1.1 MOEA/D

借助于分解的思想,MOEA/D 将一个多目标优化问题分解成多个单目标优化子问题,并通过种群进化同时优化这些子问题。常用的分解方法有权重和 (Weighted Sum, WS) 方法、切比雪夫 (Chebyshev) 方法和边界交叉惩罚 (Penalty-based Boundary Intersection, PBI) 方法 [52,53],具体将会在 2.2 节进行介绍。

在分解型多目标进化算法中,单目标优化子问题的最优解可以看作多目标优化问题的一个帕累托最优解,因此所有单目标优化子问题的最优解的集合可看作多目标优化问题的帕累托解集的近似。MOEA/D 在初始化时,首先生成一组均匀分布的权重向量,然后根据权重向量之间的欧氏距离确定每个子问题的邻居子问题集合,最后初始化种群和理想点。在每一代的进化过程中,在优化每一个子问题时,MOEA/D 会从邻居子问题中选择父代个体,利用邻居子问题的有效信息来帮助进化,经过交叉变异生成新个体,再用新个体去更新邻居子问题和理想点。MOEA/D 借助分解的思想,将一个多目标优化问题分解成多个单目标优化子问题，通过种群进化同时优化这些子问题，使得适应度评估和多样性维护这两个多目标优化中的难题迎刃而解，从而有效且高效地解决多目标优化问题。对于约束优化问题，只需在 MOEA/D 更新操作时嵌入合适的约束处理技术，使算法具备约束处理能力。Jan 和 Khanum[48] 在 MOEA/D 的基础上，分别增加随机排序法和约束占优原则来处理约束条件，分别标识为 C-MOEA/D-SR 和 C-MOEA/D-CDP。Asafuddoul 等 [54] 将基于约束容忍的约束处理技术嵌入 MOEA/D 中，标识为 C-MOEA/D-ACV。

2.1.2 NSGA-III

为了应对目标维数升高带来的挑战，Deb 和 Jain[35] 在 NSGA-II 算法框架的基础上，提出了 NSGA-III。NSGA-III 改进了原来的选择策略，并提供了一组均匀分布的参考点来维护种群的多样性。因为 NSGA-III 和 NSGA-II 的算法流程存在许多相似之处，所以在介绍 NSGA-III 之前先介绍 NSGA-II 算法。在 NSGA-II 算法中每一代进化的目标是生成新种群并更新父代种群 P，产生下一代种群 S，这个过程需要经历 3 个阶段。

① 生成新种群。算法基于大小为 N 的父代种群 P 生成同等规模的新种群 Q，将 P 和 Q 合并为混合种群 $R = P \cup Q$，大小为 $2N$。

② 非劣排序。将 R 进行非劣排序，将个体分到不同的非劣层级中，如 F_1、F_2 等。

③ 精英保存。

a. 使用占优关系作为主要精英保存策略，从排序靠前的非劣层级中选择个体进入下一代种群 S 中，从 F_1 开始，直到加入下一层级的所有个体后 S 的大小等于 N 或第一次超过 N。假设选择的下一层级是 F_k，那 F_{k+1} 及其之后的层级中的个体都会被丢弃，F_k 中部分或全部个体会被选入到 S 中。

b. 如果 F_k 中只有部分个体会被选入 S，则使用拥挤距离作为次要精英保存策略，在 F_k 选出拥挤距离最大的那些个体进入 S，直到 S 的大小等于 N。拥挤距离可以用来衡量个体对种群多样性的贡献程度，一个个体拥挤距离越大，说明对种群多样性的贡献程度越大，越优先被选择。

NSGA-III 和 NSGA-II 的算法流程相似，每一代进化都需要经历生成新种群、非劣排序、精英保存这 3 个阶段。不同之处在于 NSGA-III 没有使用拥挤距离作为次要精英保存策略,而是提供了一组均匀分布的参考点,S 中的每个个体会关联到一个参考点,每个参考点关联的个体数可称为拥挤度。一个参考点的拥挤度越小,说明该参考点所在的区域的个体越稀疏,若 F_k 中存在和该参考点关联的个体,则越优先被选择。

NSGA-III 是帕累托占优型多目标进化算法,因为它使用占优关系作为主要精英保存策略,选择排序靠前的非劣层级中的个体进入下一代,同时又融合了分解的思想,提供了一组类似于 MOEA/D 中权重向量的参考点,在最后的非劣层级中选择与拥挤度更小的参考点相关联的个体进入下一代。Deb 和 Jain[35] 对 NSGA-III 的精英保存操作和父代个体选择操作进行了修改,提出了针对约束高维目标优化问题的 C-NSGA-III。首先,使用约束占优原则对 R 进行非劣排序,可行个体的非劣层级排序靠前,不可行个体的非劣层级排序靠后,每个不可行个体占据一个非劣层级 (除非多个不可行个体具有相等的约束违反程度)。若可行个体的数量大于等于 N,则精英保存操作和 NSGA-III 相同;若可行个体的数量小于 N,则优先选择可行个体,其次选择约束违反程度小的个体。在父代个体选择操作中,C-NSGA-III 增加了锦标赛比较操作,在两个个体中选择更优的个体作为父代个体。若参与锦标赛比较的两个个体中只有一个可行个体,则选择可行个体;若两个都是不可行个体,则选择约束违反程度小的个体;若两个都是可行个体,则随机选择。

2.1.3 MOEA/DD

为了克服进化算法在高维多目标优化时遇到的困难,Li 等 [19] 提出一种融合了占优和分解思想的算法 MOEA/DD,通过占优和分解的结合来实现收敛性和多样性的平衡。MOEA/DD 的算法流程和 MOEA/D 相似,包含初始化阶段和进化阶段,进化阶段又包含选择、重组和更新等操作。在初始化阶段,首先生成一组均匀分布的权重向量,每个权重向量关联了目标空间中的一个子区域,然后根据权重向量之间的欧氏距离,为每个子区域确定其邻居子区域集合。根据个体的目标向量与权重向量之间的角度,每个个体会关联到一个子区域,子区域关联的个体数称为精英数 (Niche Count),作为一个子区域的多样性评估指标。在进化过程中,首先要选择父代个体,父代个体经过重组变异等操作生成新个体,最后使用新个体更新种群,具体过程如下。

① 生成新个体。生成新个体首先需要选择父代个体,以较小概率从整个种群中

选择，以较大概率从邻居子区域的关联个体集合中选择，若该集合为空，则从整个种群中选择。经过重组变异生成了新个体，新个体加入种群 P 形成混合种群 P'。

②非劣排序。对混合种群 P' 进行非劣排序或非劣层级更新。

③更新种群。更新种群操作的目标是从混合种群 P' 中剔除最差的个体，使种群恢复原来的规模，依次使用占优关系、多样性评估指标和标量化函数作为精英保存策略。当使用占优关系无法找出最差个体时，使用多样性评估指标；当使用多样性评估指标无法找出最差个体时，使用标量化函数。更新过程中，MOEA/DD 时会特别关注孤立子区域，即精英数等于 1 的子区域，和孤立子区域关联的个体对于维护种群的多样性非常重要，因此不能剔除这些个体。

MOEA/DD 是帕累托占优型多目标进化算法，因为它使用占优关系作为主要精英保存策略。同时 MOEA/DD 融合了分解的思想，在对种群进行非劣排序的同时提供了一组均匀分布的权重向量，在占优关系和多样性评估指标无法比较两个个体的优劣时使用标量化函数作为次要精英保存策略实现种群的更新操作。针对约束高维多目标优化问题，Li 等[19]对父代个体选择操作和更新操作进行修改，提出了 C-MOEA/DD。同 C-NSGA-III一样，C-MOEA/DD 的父代个体选择操作增加了锦标赛比较操作，筛选出更优的父代个体以重组生成质量更好的新个体。修改后的更新操作会先对不可行个体按照约束违反程度进行降序排序，然后依次进行判断，找到第一个不是与孤立子问题关联的不可行个体，将其视为最差个体进行剔除。如果所有的不可行个体都与孤立子问题关联，那么剔除第一个不可行个体，即约束违反程度最大的个体。

2.2 分解型多目标进化算法的标量化方法

在分解型多目标进化算法中，由于分解思想的使用，完整的 MOP 被分解成一系列优化子问题，每个优化子问题对应地使用标量化方法计算适应度值来决定子问题中的最优个体。现有的很多标量化方法都是可在分解型多目标进化算法中充当子问题的优化标准[55]。在众多标量化方法中，最常见的有三种方法：权重和方法、切比雪夫方法和边界交叉惩罚方法[28,55]。这三种方法的数学表示分别列举如下。

1) 权重和方法：公式 (2-1) 给出了权重和方法的计算公式，其中，$\boldsymbol{\lambda} = (\lambda_1, \cdots,$

$\lambda_m)^{\mathrm{T}}$ 表示权重向量,须满足 $\forall i \in 1, \cdots, m, \lambda_i > 0$ 且 $\sum_{i=1}^{m} \lambda_i = 1$。权重和并不适用于所有的多目标优化问题,它只对具有非凹形前沿 (在最大化问题中为非凸形前沿) 的问题有比较好的求解效果。凹形前沿与凸形前沿分别如图 2-1a 和图 2-1b 所示。

$$\text{minimize} \quad g^{ws}(\boldsymbol{x}|\boldsymbol{\lambda}) = \sum_{i=1}^{m} \lambda_i f_i(\boldsymbol{x}) \tag{2-1}$$
$$\text{subject to} \quad \boldsymbol{x} \in \Omega.$$

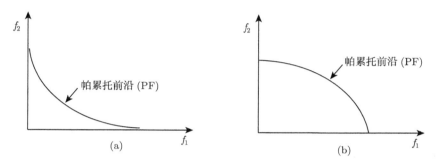

图 2-1 凹形前沿 (a) 与凸形前沿 (b) 示意图

2) 切比雪夫方法:切比雪夫方法的数学表示如公式 (2-2)。其中 $\boldsymbol{z}^{\mathrm{ide}}$ 为理想点,即该点的每个目标维度的值是在对应每个维度上的最优值,对于最小化问题就是最小值,可以用以下数学表示: $\boldsymbol{z}^{\mathrm{ide}} = \left(f_1^{\triangle}(\Omega), f_2^{\triangle}(\Omega), \cdots, f_m^{\triangle}(\Omega)\right)$, $f_i^{\triangle}(\Omega) = \min_{\boldsymbol{x} \in \Omega} f_i(\boldsymbol{x}), i \in [1, \cdots, m]$。同时,根据切比雪夫方法对一个单目标优化子问题求得的最优解,对应多目标优化问题的一个帕累托最优解。因此,只要生成不同的参考向量 λ 就可以得到多目标优化问题的帕累托前沿的不同解。

$$\text{minimize} \quad g^{\mathrm{tch}}(\boldsymbol{x}|\boldsymbol{\lambda}, \boldsymbol{z}^{\mathrm{ide}}) = \max_{1 \leqslant i \leqslant m} \left\{ \lambda_i |f_i(\boldsymbol{x}) - z_i^{\mathrm{ide}}| \right\} \tag{2-2}$$
$$\text{subject to} \quad \boldsymbol{x} \in \Omega.$$

3) 边界交叉惩罚 (PBI) 方法:公式 (2-3) 给出了边界交叉惩罚方法的计算公式。PBI 是评估个体 $\boldsymbol{x}$ 在目标空间中沿着方向向量 $\boldsymbol{\lambda}$ 的距离 d_1 和垂直方向向量的距离 d_2 的这两个正交距离的惩罚组合值,其中,$\boldsymbol{z}^{\mathrm{ide}}$ 为理想点,$\theta \geqslant 0$ 为预定义的惩罚参数。下面结合图 2-2 来说明 d_1 和 d_2 的含义,给定一个个体 $\boldsymbol{x}$ 和一个方向向量 $\boldsymbol{\lambda} = (0.5, 0.5)^{\mathrm{T}}$,$d_1$ 实际上评估了个体的收敛性,d_2 实际上评估了个体的多样性,通过 $g^{\mathrm{pbi}}(\boldsymbol{x}|\boldsymbol{\lambda}, \boldsymbol{z}^{\mathrm{ide}})$ 对个体收敛性和多样性进行综合评估。

$$\begin{aligned}
\text{minimize} \quad & g^{\text{pbi}}(\boldsymbol{x}|\boldsymbol{\lambda}, \boldsymbol{z}^{\text{ide}}) = d_1 + \theta d_2 \\
& d_1 = \frac{||(\boldsymbol{F}(\boldsymbol{x}) - \boldsymbol{z}^{\text{ide}})^{\text{T}} \boldsymbol{\lambda}||}{||\boldsymbol{\lambda}||} \\
& d_2 = \left\| \boldsymbol{F}(\boldsymbol{x}) - \boldsymbol{z}^{\text{ide}} - d_1 \frac{\boldsymbol{\lambda}}{||\boldsymbol{\lambda}||} \right\| \\
\text{subject to} \quad & \boldsymbol{x} \in \Omega.
\end{aligned} \tag{2-3}$$

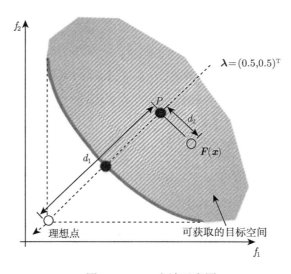

图 2-2 PBI 方法示意图

PBI 方法被证明在处理多目标优化问题时能够取得解集质量更优的一种标量化指标,尤其是在高维多目标优化问题上[34]。所以在本书中,所有对比算法如果需要使用标量化方法若无特殊说明均默认采用 PBI 方法。

2.3 进化算法的交叉算子

在进化算法中,交叉算子是用于产生后代个体的一个基本算子,起着非常重要的作用。在过去几十年时间中,积累了很多不同的交叉算子,每种算子都有其自身的特点。近来,比较常用的交叉算子有模拟二进制交叉的 (Simulated Binary Crossover, SBX) 算子[56]和差分进化 (Differential Evolution, DE) 算子[57,58]。

SBX 算子是一种模拟单点二进制交叉的交叉算子,主要用于实码编码的多目标进化算法中。假设两个父代个体 $\boldsymbol{x}^1$ $(x_1^1, \cdots, x_n^1)$ 和 $\boldsymbol{x}^2$ $(x_1^2, \cdots, x_n^2)$,则使用 SBX

算子产生的两个后代个体 $c^1\left(c_1^1,\cdots,c_n^1\right)$ 和 $c^2\left(c_1^2,\cdots,c_n^2\right)$ 可以通过以下公式 (2-4) 计算得到：

$$\begin{cases} c_i^1 = 0.5 \times \left[(1+\beta) \cdot x_i^1 + (1-\beta) \cdot x_i^2\right] \\ c_i^2 = 0.5 \times \left[(1-\beta) \cdot x_i^1 + (1+\beta) \cdot x_i^2\right] \end{cases} \quad (2\text{-}4)$$

其中 β 是由分布因子 η 按照公式 (2-5) 动态随机决定的：

$$\beta = \begin{cases} (\text{rand} \times 2)^{1/(1+\eta)}, & \text{rand} \leqslant 0.5 \\ (1/(2-(\text{rand} \times 2)))^{1/(1+\eta)}, & \text{其他} \end{cases} \quad (2\text{-}5)$$

η 是一个自定义的参数，η 值越大则产生的后代个体逼近父代个体的概率越大。所以 SBX 算子在局部优化搜索上表现较佳，针对处理高维目标优化问题时个体空间稀疏性的挑战有较好的效果，在新提出的高维目标进化算法中也是得到较为广泛使用。

DE 算子已被证明具有较好的全局搜索能力[38,59]，以 "DE/rand/1/bin" 模式执行 DE 算子可按照以下公式计算：

$$v_i = x_i^1 + F \times (x_i^2 - x_i^3) \quad (2\text{-}6)$$

其中 x^1，x^2 和 x^3 是从当前中群中选择的三个个体；i 表示第 i 个基因位；F 是一个量化因子，可用于控制新生个体与父代个体 x_1 之间的差别。由于在 DE 算子中参考的父代个体较多，新产生的后代子个体与原有的父代个体之间的差别也较大，所以在全局搜索能力上有不俗的表现，经常用于处理复杂优化问题，以避免算法陷入局部最优。

2.4 多目标进化算法的性能评估指标

对于多目标优化问题，为了客观地评估不同算法的性能，需要从众多性能评估指标中选择恰当的指标来计算算法获得解集的质量，并进行对比。本书将使用超体积 (Hypervolume，HV)[60,61]、反向世代距离 (Inverted Generational Distance, IGD)[62-64] 及其改进版本 IGD+[65,66] 作为性能评估指标来衡量解集质量的优劣。

首先，在众多指标中，超体积也称为 S 度量[67] 或 Lebesgue 指标[68]，是最具代表性的一个性能评估指标，是很多文献中对比算法性能时所采取的指标。超体积的计算可定义为公式 (2-7)。相对于其他性能评估指标，超体积拥有更好的数学特性，它既能反映算法获得的非劣解集与问题最优解集的逼近程度，又能体现获得解集在目标空间中的多样性[61,69]，而且超体积计算并不需要知道真实前沿。但是，随着优化问题目标数的增加，准确地计算超体积指标变得越来越困难，对于较高维的问题计算耗时较长，所以往往通过近似超体积来代替[70]。

$$\mathrm{HV}(A, \boldsymbol{z}^r) = \mathrm{VOL}\left(\bigcup_{\boldsymbol{x} \in A}[f_1(\boldsymbol{x}), z_1^r] \times \cdots [f_m(\boldsymbol{x}), z_m^r]\right) \tag{2-7}$$

正因为超体积在高维多目标优化问题中计算较难，另外一个性能评估指标——反向世代距离被现在很多文献用于评估不同算法的性能。IGD 指标可用于评估算法获得的非劣解集与真实前沿的逼近程度，当真实前沿是均匀分布时，IGD 指标在一定程度上也能反映算法求得非劣解集的多样性，IGD 可以通过公式 (2-8) 计算获得。

$$\mathrm{IGD}(A) = \frac{1}{|Z|}\sum_{j=1}^{|Z|}\min_{\boldsymbol{x}_i \in A} d(\boldsymbol{F}(\boldsymbol{x}_i), \boldsymbol{z}_j) \tag{2-8}$$

式中，$A = \{\boldsymbol{x}_1, \boldsymbol{x}_2, \cdots, \boldsymbol{x}_{|A|}\}$ 是算法获得的待评估的非劣解集；Z 是真实前沿，通常是真实前沿上选取的均匀分布的有限数量的代表点集；$d(\boldsymbol{F}(\boldsymbol{x}), \boldsymbol{z})$ 是待评估解集中点 $\boldsymbol{F}(\boldsymbol{x})$ 与真实前沿参考解集中的点 $\boldsymbol{z}$ 之间的欧氏距离。

由于 IGD 的比较结果并不是一定满足帕累托占优关系，以至于通过 IGD 比较存在得出错误结论的可能性。因此近几年有一个被称为 IGD+ 的 IGD 修改版本被提出来尽量规避这种错误。IGD+ 的主要改动在于在计算获得的非劣前沿中点与真实前沿中点的距离时同时考虑了帕累托占优关系，因此在 IGD+ 的计算中主公式与 IGD 一样 [公式 (2-8)]，但是其中 $d(\boldsymbol{F}(\boldsymbol{x}), \boldsymbol{z})$ 被公式 (2-9) 中 $d^+(\boldsymbol{F}(\boldsymbol{x}), \boldsymbol{z})$ 所替换。文献 [60]、[63] 中也证明了 IGD+ 是遵从弱帕累托占优关系的。另外需要注意的是，IGD 和 IGD+ 的计算都需要真实前沿的代表点集。

$$d^+(\boldsymbol{F}(\boldsymbol{x}), \boldsymbol{z}) = \sqrt{\sum_{k=1}^{m}(\max\{f_k(\boldsymbol{x}) - z_k, 0\})^2} \tag{2-9}$$

第 3 章 锥形分解高维多目标进化算法 MOEA/CD

本章是本书的最核心内容,后续章节的内容均以此为基础。本章分别从锥形分解策略、带惩罚的方向距离标量化方法和交叉算子动态选择机制这 3 个核心组件、算法框架与流程细节及算法复杂度等方面对锥形分解高维多目标进化算法 MOEA/CD 进行详细介绍,并且就不同标准测试例中算法的性能进行全面的实验验证。具体地,首先对实验相关配置进行简单介绍,其次在 MOP 和 DTLZ 系列的多目标及高维多目标优化测试例上对 MOEA/CD 在解集质量和运行效率两方面进行全面的性能测试,并与 6 个流行的多目标进化算法进行对比评估,实验结果表明 MOEA/CD 在处理高维多目标优化问题上取得了较好的效果,与此同时 MOEA/CD 也拥有较高的运行效率。

3.1 锥形分解策略

在原始 MOEA/D 中,完整的 MOP 通过分解的思想被分解成一系列优化子问题,每个子问题通过标量化方法单独优化。而锥形分解高维多目标进化算法 MOEA/CD 进一步引入一种锥形分解策略,通过这种策略将 MOP 分解得更加彻底。首先,需要给出观察向量的定义,参见定义 3.1。根据定义 3.1,所有个体在目标空间中的观察向量都可以映射到一个超平面上 $\sum_{i=1}^{m} f'_i = 1$,这个超平面称为观察超平面,而且这个超平面的坐标系统的原点是理想点 z^{ide}。观察向量 $V(x)$ 代表的是个体 x 在目标空间中的方向,这个定义将在锥形分解策略中发挥重要作用。

定义 3.1 对于特定个体 x,其观察向量 $V(\bm{x}, \bm{z}^{\text{ide}}) = (v_1, v_2, \cdots, v_m)$,其中 $v_i = \dfrac{f_i(\bm{x}) - z_i^{\text{ide}}}{\sum_{j=1}^{m}(f_j(\bm{x}) - z_j^{\text{ide}})}, i \in [1, \cdots, m]$。

与其他的分解型多目标进化算法[28,29]类似，MOEA/CD 的锥形分解策略需要一组在目标空间中均匀分布的方向向量，本书称之为参考方向向量。首先，当目标数 m 小于 7 时，参考方向向量可以使用对称性方法来产生，$D = \{\lambda^1, \cdots, \lambda^N\}$，$N = C_{H+m-1}^{m-1}$ 表示方向向量的总数。当目标数 m 大于或等于 7 时，采用双层方向向量产生策略来产生参考方向向量，双层方向向量合并后总数也记为 N。通过使用这种策略产生的参考方向向量将会均匀地分布在观察超平面 $\sum_{i=1}^{m} f'_i = 1$ 上。对应的产生参考方向向量的伪码可在算法 3-1 中查看，其中 1~11 是这个产生过程。另外，该算法伪码中的 12、13 是每个方向向量计算得到它的 T 个最近参考方向向量 (包括自身) 的下标，这部分信息主要用于 MOEA/CD 的父代个体选择操作中。

算法 3-1 参考方向向量的初始化过程

输入：H_1：外层目标坐标系中每个维度的划分数量；H_2：内层目标坐标系中每个维度的划分数量；T：邻居数量。

输出：N：参考方向向量的总数；$D = \{\lambda^i\}$：N 个均匀分布的参考方向向量构成的集合，$i = 1, 2, \cdots, N$；$B = \{B^I\}$：每个方向向量的邻居参考方向向量的下标集合，$i = 1, 2, \cdots, N$；I：由参考方向向量集合 D 构建的 K-D 树；d_0：参考方向向量中两两距离的最小值。

1: $N_1 \leftarrow C_{H_1+m-1}^{m-1}$;
2: **if** $m < 7$ **then**
3:     $N \leftarrow N_1$;
4:     根据 Das 和 Dennis 方法生成 N 个 m 维参考方向向量集合 $D = \{\lambda^1, \cdots, \lambda^N\}$；
5: **else**
6:     $N_2 \leftarrow C_{H_2+m-1}^{m-1}$;
7:     $N \leftarrow N_1 + N_2$;
8:     分别生成外层的 N_1 个 m 维参考方向向量集合 $D_1 = \{\lambda^1, \cdots, \lambda^{N_1}\}$ 和内层的 N_2 个 m 维参考方向向量 $D_2 = \{\lambda^{N_1+1}, \cdots, \lambda^N\}$；
9:     **for** $i \leftarrow N_1 + 1$ **to** N **do**
10:         $\lambda^i \leftarrow \tau \times \lambda^i + \dfrac{1-\tau}{m} \times (1, 1, \cdots, 1)$;
11:     $D \leftarrow D_1 \cup D_2$;

12: **for** $i \leftarrow 1$ **to** N **do**

13:      $B^i = \{j_1, j_2, \cdots, j_T\}$，其中 $\lambda^{j_1}, \lambda^{j_2}, \cdots, \lambda^{j_T}$ 是 λ^i 的 T 个最近参考方向向量；

14: $I \leftarrow$ BuildKDTree(D);

15: **return** N, D, B, I;

在 MOEA/CD 中，目标空间 Φ 将会根据方向向量划分为 N 个锥形子区域，每个方向向量 λ^i 关联的锥形子区域 Φ^i 的划分依据如公式 (3-1) 所示。在公式 (3-1) 中，$d(V(\boldsymbol{x}, \lambda^j))$ 表示的是个体 x 的观察向量与参考方向向量 λ^j 之间的欧氏距离。为了更好地理解锥形分解策略，在三维目标空间中做了一个示意图来举例说明。如图 3-1 所示，观察超平面上总共均匀分布了 10 个参考方向向量 (用加粗的实心圆点标识)，以此将整个目标空间分割成了 10 个锥形子区域。按照公式 (3-1)，个体 x 的观察向量 $V(x)$ 在所有参考方向向量中与参考方向向量 λ^k 距离最近，所以该个体应该归属于与参考方向向量 λ^k 关联的锥形子区域 Φ^k。锥形子区域 Φ^k 如图 3-1 中阴影部分所示，该锥形子区域由从理想点 z^{ide} 朝向观察平面上的所有距离参考方向向量 λ^k 最近的点形成的射线构成。

$$\Phi^i = \{F(\boldsymbol{x}) \in \mathrm{R}^m | \forall j \in [1, \cdots, N] \setminus i,\ \mathrm{d}(V(\boldsymbol{x}, \lambda^i)) \leqslant \mathrm{d}(V(\boldsymbol{x}, \lambda^j))\} \qquad (3\text{-}1)$$

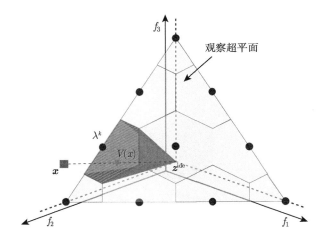

图 3-1　三维目标空间中锥形分解策略示意图

在 MOEA/D 中通过公式 (3-1) 来定位一个特定解归属于哪一个锥形子区域是一个关键步骤。直接与所有参考方向向量计算距离并进行对比是比较耗时的, 严重影响算法的计算效率, 为了提升计算效率, 本章通过引入一个特殊的数据结构来实现该功能, 那就是 K-D 树 (K-D Tree)[71]。

K-D 树是一种多维空间索引树形数据结构, 是二叉树的一种特殊形式, 主要应用于多维键值搜索, 如最近邻搜索及范围搜索。构造 K-D 树的过程如下: 第一步按 Deb 等[35]建议的方式在单位超平面上预先选取一定数量的关于各维目标对称的较均匀分布的向量作为各子问题的参考向量。第二步构造一棵平衡的多维空间分割树统一组织与有效管理所有子问题的 N 个参考向量, 捕捉 m 维目标空间中 N 个参考向量的相互位置关系特征, 将多维空间分割树中的每个结点对应于一个 m 维参考向量 $\lambda^r \in D, r \in \{1, 2, \cdots, N\}$, 一个矩形边界框及一个关于 λ^r 的被选中的分割维 s 的分割超平面 $f'_s = \lambda^r_s$。这个分割超平面 $f'_s = \lambda^r_s$ 将把结点 λ^r 的矩形边界框一分为二地分割为两个小的矩形边界框, 多维空间分割树中结点 λ^r 的左子树与右子树分别对应于这两个小矩形边界框。因此 D 中剩余的参考向量中位于分割超平面 $f'_s = \lambda^r_s$ 之下 $(f'_s < \lambda^r_s)$ 与之上 $(f'_s \geq \lambda^r_s)$ 的参考向量分别进入结点 λ^r 的左子树与右子树。此外为了构建出尽量平衡的多维空间分割树以便降低树的层数, 一棵子树里所有参考向量的 m 维中具有最大方差的那一维度 s 被选中作为分割维; 而在分割维 s 上具有中位数的那个参考向量被选中作为该子树的根结点。

例如, 在目标数 $m = 3$ 和每维划分数 $H = 3$ 的简单情形下, 可构造出如图 3-2 所示的按 Das-Dennis 对称性方法产生的 10 个参考向量的多维分割树组织, 图中箭头表示每个结点的分割维。

MOEA/CD 会应用 K-D 树来实现最近邻搜索, 通过由参考方向向量构建的 K-D 树来定位新个体所属的子问题, 以此来提高算法的计算效率。K-D 树的构建算法伪码在算法 3-2 中给出, 其中 λ 表示数据集合 D 中的某一项 K 维数据; split 表示划分维度, 即通过 λ 的第 split 维表示的超平面将空间划分为两个子空间; left 和 right 分别表示左子树和右子树; index 表示 λ 在原数据集合 D 中的下标, 便于在最近邻搜索时返回下标。

通过 K-D 树, 可以实现在 K 维空间中高效的最近邻搜索算法, 搜索过程的伪码在算法 3-3 中给出。其核心思想是利用其两条特殊的有利策略裁剪查找空间。

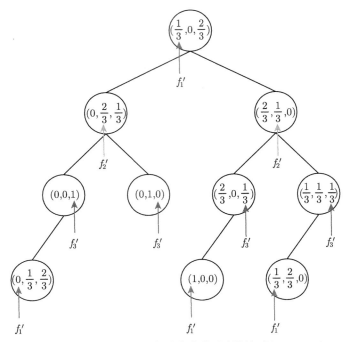

图 3-2 参考向量的多维分割树组织

算法 3-2 构建 K-D 树

输入: D: 用于构建 K-D 树的 K 维参考方向向量集合, $D=\{\lambda^1,\cdots,\lambda^N\}$, $\lambda^i = [\lambda^i_1,\cdots,\lambda^i_K]$。

输出: I: 参考方向向量构建的 K-D 树。

1: **if** $D = \varnothing$ **then**
2:     **return** NULL;
3: $s \leftarrow \arg\max_{j \in \{1,\cdots,K\}} \text{Variance}(\{\lambda^i_j | i \in \{1,\cdots,N\}\})$;
4: $\lambda^k \leftarrow$ 将 D 按第 s 维的值进行排序, 位于正中间的那个参考方向向量为 λ^k;
5: $D' \leftarrow D \setminus \lambda^k$;
6: $D_{\text{left}} \leftarrow \{\lambda^i | \lambda^i_s \leqslant \lambda^k_s, \lambda^i_s \in D'\}$;
7: $D_{\text{right}} \leftarrow \{\lambda^i | \lambda^i_s > \lambda^k_s, \lambda^i_s \in D'\}$;
8: $I.\text{left} \leftarrow \text{BuildKDTree}(D_{\text{left}})$;
9: $I.\text{right} \leftarrow \text{BuildKDTree}(D_{\text{right}})$;
10: $I.\lambda \leftarrow \lambda^k$;

11: $I.\text{index} \leftarrow k$;
12: $I.\text{split} \leftarrow s$;
13: **return** I;

算法 3-3 K-D 树最近邻参考方向向量搜索

输入: v: 归一化的方向向量, I': 参考方向向量构建的 K-D 树, k^*: 当前与 v 最近的参考方向向量的索引, d^*: 当前的最短距离。

输出: k^*: 遍历根结点 I' 之后, 最近的参考方向向量的索引。

1: **if** $I' == \text{NULL}$ **then**
2: **return** k^*;
3: **if** $\|v - I'.\lambda\| < d^*$ **then**
4: $d^* \leftarrow \|v - I'.\lambda'\|; k^* \leftarrow I'.\text{index}$;
5: $s \leftarrow I'.\text{split}$;
6: **if** $V_s < I.\lambda_S$ **then**
7: $\text{prior\_br} \leftarrow I.\text{left}; \text{post\_br} \leftarrow I'.\text{right}$;
8: **else**
9: $\text{prior\_br} \leftarrow I'.\text{right}; \text{post\_br} \leftarrow I'.\text{left}$;
10: $k^* \leftarrow \text{KDTreeNearestRV}(v, \text{prior\_br}, k^*, d^*)$;
11: **if** $\text{abs}(V_s - I'.\lambda_s) \leqslant d^*$ **then**
12: $k^* \leftarrow \text{KDTreeNearestRV}(v, \text{post\_br}, k^*, d^*)$;
13: **return** k^*;

第一条策略是对当前参考向量结点 I' 的左右两个子树分支进行优先级区分。假设要在当前结点 I' 下插入待查询向量 v, 那么将要包含查询向量 v 的那颗子树被称为优先子树 prior_br, 而优先子树 prior_br 对面的将不包含查询向量 v 的那颗子树被称为延后子树 post_br。最近邻搜索算法在递归进入当前参考结点 I' 的左右两个子树查找时, 按分支的优先顺序, 将优先进入优先子树 prior_br 查找, 此后再进入延后子树 post_br 查找, 这条策略的优势是可最大化查找过程中成功裁剪分支的概率。第二条策略是维护一个变量 λ^{k^*} 记录截至目前查找过程遇到的与查询向量 v 最近似的 (即欧氏距离最小的) 参考向量, 以便一旦在优先子树 prior_br 中出现查

询向量 v 到结点 R' 的分割超平面 $y_s = R'\lambda_s (R'\lambda_s$ 表示结点 R' 对应的参考向量 λ 在第 s 维的值) 的垂直距离大于 v 与目前最近似、最匹配参考向量 λ^{k^*} 两者之间的目前最小欧氏距离 d^* 的情形时，可以立刻裁剪优先子树 prior_br 对面的延后子树 post_br，跳过对该分支的查找。因为在这种情形下，欧氏距离指标满足一定数学性质，可以保证延后子树 post_br 对应的矩形边界框，绝对不可能与到查询向量 v 的欧氏距离不超过目前最小欧氏距离 d^* 的向量集合组成的封闭区域有任何重叠或相交，从而在延后子树 post_br 的矩形边界框内，也绝不可能存在任何点或参考向量比目前最近似参考向量 λ^{k^*} 与查询向量 v 的欧氏距离更小。因而此时完全没有必要继续查找延后子树 post_br，该分支可以被成功剪枝从查找考虑中完全清除掉。得益于最近邻搜索算法的优势与欧氏距离指标的良好数学性质，在多维分割树中准确查找最近邻的平均时间复杂度正比于树的层数，即仅需要 $O(m\log N)$，能避免耗时的穷举查找。

以图 3-1 中的 10 个参考向量为例，若后代个体 y 的标准目标向量 $F'(y) = (7, 1, 2)$，那么其方向向量 $v = V(F'(y)) = (0.7, 0.1, 0.2)$，可利用多维分割树频繁剪枝快速查找 $(0.7, 0.1, 0.2)$ 的最近邻参考向量。第一，在根结点 $\lambda^3 = \left(\frac{1}{3}, 0, \frac{2}{3}\right)$ 处，当前最近参考向量和当前最小欧氏距离分别被更新为 $\lambda^* = \lambda^3$ 和 $d^* = \|v - \lambda_2^*\| = 0.6018$；然后递归进入优先的右子树，在访问其结点 $\lambda^6 = \left(\frac{2}{3}, 0, \frac{1}{3}\right)$ 时 λ^* 与 d^* 又分别被更新为 $\lambda^* = \lambda^6$ 和 $d^* = \|v - \lambda_2^*\| = 0.1700$；其后由于查询向量 v 到根结点 λ^3 的分割超平面 $f_1' = \lambda_1^3$ 的垂直距离 $|v_1 - \lambda_1^3| = \left|0.7 - \frac{1}{3}\right| = 0.3667$ 大于目前最小欧氏距离 $d^* = 0.1700$，根据多维分割树查询策略此时根结点 λ^3 的延后的左子树将被成功剪枝直接跳过查找。

在算法 3-1 中第 14 行中，利用构建好的参考方向向量集合构建 K-D 树，构建好的 K-D 树包含了所有参考方向向量的空间分布信息。然后当需要识别特定个体 x 归属于哪一个锥形子区域时，通过先计算其观察向量 $V(x)$，然后利用 K-D 树快速找到与该观察向量欧氏距离最近的参考方向向量，那么这个个体实际就位于该最近参考方向向量所对应的锥形子区域中，并且该最近参考方向向量所对应的子问题被视为与该个体最匹配的子问题。查找个体的最近参考方向向量的过程如算法 3-4 所示，由于计算观察向量比较简单，并且运用了 K-D 树高效寻找最近参考方向向量，因而这个过程具有较高的计算效率。

算法 3-4　查找个体的最近参考方向向量 (NearestRV)

输入: x: 需要定位归属锥形子区域的特定个体; z^{ide}: 当前理想点; I: 参考方向向量集合 D 构建的 K-D 树。

输出: k: 特定个体 x 归属的锥形子区域的下标。

1: 根据定义 3.1 计算观察向量 $V(\boldsymbol{x})$;
2: $k \leftarrow$ KDTreeNearestRV $(V(\boldsymbol{x}), I, \text{NULL}, +\infty)$;
3: return k;

以上介绍的分解策略在本书中称之为锥形分解策略。通过使用锥形分解策略，完整的 MOP 被划分为一系列子问题，并且每个子问题都会关联一个参考方向向量。另外在锥形分解策略中还根据每个子问题关联的参考方向向量将完整的目标空间划分成一个个锥形子区域，并为每一个子问题分配唯一的锥形子区域。通过这个策略可对任意个体进行子区域的范围限制，有利于配合 MOEA/CD 中提出的个体更新模式，共同克服前面章节中提及的 MOEA/D 潜在问题。

3.2　标量化方法 —— 带惩罚的方向距离

由于使用了锥形分解策略，MOP 的优化就等同于分解后所有子问题的优化，而每个子问题的优化在于寻找目标空间中沿着子问题所关联的参考方向向量的更加逼近理想点的个体。由于参考方向向量是均匀分布的，所以标量化方法优化子问题只需要考虑两个指标：一个是方向性，即每个子问题的最优个体尽可能沿着各自的参考方向向量的方向；另一个是逼近性，即每个子问题的最优个体尽可能地逼近理想点。为了更好地满足这两个指标，在 MOEA/CD 算法中使用了一种带惩罚的方向距离 (Penalized Direction Distance, PDD) 标量化方法，对应的数学公式总结为公式 (3-2)~公式 (3-6)。其中 D_d^i 表示的是候选个体 x 的观察向量和参考方向向量 λ^i 的加权距离，这是用来评估方向性的指标。在 D_d^i 的计算中 d_0 是预定的所有参考方向向量与其他参考方向向量最小距离的平均值，主要是评估参考方向向量在目标空间中的稀疏程度。由于使用了加权距离 D_d^i，在参考方向向量中坐标值越小的维度，对应的观察向量与参考方向向量之间的距离就越会得到强调。因此一些极端解会得到强调而保存下来，从而能够更好地保证算法得到非劣解集的更好的多样性。

通过使用罚函数，在算法运行初期会有 $k \ll k_{\max}$，那么 $P\left(D_d^i\right) \approx 0$，即 $g^{\mathrm{pdd}} \approx D_c^i$，因此 PDD 在算法初期能够对每个子问题在逼近性方面施加更大的选择压力，从而促使整体种群向理想点方向收敛。随着算法进程的推进，在算法后期，k 逐渐接近 $k_{\max}$，此时罚函数 $P\left(D_d^i\right)$ 带来的影响会逐渐加大，每个子问题在方向性上选择压力会增大，从而保证算法整体种群在多样性上得到较好的结果。

$$\begin{aligned}\text{minimize} \quad & g^{\mathrm{pdd}}\left(\boldsymbol{x}|\lambda^i,\boldsymbol{z}^{\mathrm{ide}}\right) = D_c^i\left(1.0 + P\left(D_d^i\right)\right) \\ \text{subject to} \quad & \boldsymbol{x} \in \Omega^i \end{aligned} \tag{3-2}$$

$$D_c^i = \|F(\boldsymbol{x}) - \boldsymbol{z}^{\mathrm{ide}}\| \tag{3-3}$$

$$V(\boldsymbol{x}) = (v_1, \cdots, v_m) = V\left(\boldsymbol{x}, \boldsymbol{z}^{\mathrm{ide}}\right) \tag{3-4}$$

$$D_d^i = \frac{V(\boldsymbol{x}) - \lambda^i}{d_0} \cdot \sum_{j=1}^m \frac{|v_j - \lambda_j^i|}{\lambda_j^i} \tag{3-5}$$

$$P\left(D_d^i\right) = m \cdot \left(\frac{k}{k_{\max}}\right)^\beta \cdot D_d^i \tag{3-6}$$

式中，m 代表的是目标的维度；k 是目前算法已评估的个体数；$k_{\max}$ 是预定义的算法最大个体评估数；β 是一个用户自定义的参数，用来控制惩罚因子 $P\left(D_d^i\right)$ 的变化进度，在本节的研究中设置为 3。

值得一提的是 MOEA/CD 中所采用的标量化方法 PDD 与参考向量引导进化算法 (Reference Vector Guided Evolutionary Algorithm, RVEA)[72] 中提到的 APD 标量化方法在形式上有些许类似，但是两者之间还是存在两个最重要的区别。第一，两种方法中用于评估方向性的标准不同，在 MOEA/CD 的 PDD 中，使用的是个体观察向量与参考方向向量之间的距离，而在 RVEA 中的 APD 使用的是个体目标向量与参考方向向量之间的夹角。这两种评估标准都能很好地衡量个体在目标空间中沿着参考方向的程度。第二，PDD 在考虑方向性标准的时候，同时考虑了对于不同参考方向向量在目标空间中的分布情况，即使用了加权距离使得参考方向向量中坐标值越小的维度，观察向量与参考方向向量之间的距离越得到强调。由于有了这方面的考虑，在 MOEA/CD 中，不同的锥形子区域中具体评估多样性的标准会因其所关联的参考方向向量的不同而有所差别，从而能够保证极端个体的保留而保证更好的种群多样性。与此同时，PDD 和 PBI 之间的差别也类似于 APD 与 PBI 的差别,但是在方向性标准上 PDD 由于考虑了参考方向向量的多样性而相对于 PBI 有所优势,这一点与 PDD 和 APD 之间的区别相似。

由于帕累托占优关系和 PDD 之间并不存在对等关系,即拥有更好的 PDD 适应度的候选个体 x^a 并不能保证不被其他 PDD 适应度值较差的候选个体 x^b 所支配。为了规避这种情况,MOEA/CD 采用了一种同时考虑帕累托占优和标准化方法 PDD 的候选个体对比规则,即在相同的参考方向向量 λ^k 上,候选个体 x^a 优于候选个体 x^b,可以定义为公式 (3-7)。

$$x^a \triangleleft^{\lambda^k} x^b \Leftrightarrow \begin{cases} x^a \prec x^b \\ x^a \not\prec x^b \wedge x^b \not\prec x^a \wedge g(x^a) < g(x^b) \end{cases} \quad (3\text{-}7)$$

其中,$g(x)$ 是由标量化方法 PDD 计算得到的候选个体 x 的适应度值;$x^a \triangleleft^{\lambda^k} x^b$ 代表的就是根据定义的这种对比规则;个体 x^a 在参考方向向量 λ^k 上优于 x^b。通过这一规则,两个候选个体会先通过帕累托占优规则进行比较,对于存在两者互不占优的情况再利用 PDD 计算得到的适应度值进行比较。

3.3 交叉算子动态选择机制

交叉算子是进化算法中的一个基本的算子,在进化搜索中起着重要作用。交叉算子有很多,除了针对特定问题的特殊交叉算子外,SBX 算子和 DE 算子[73-76] 是两个比较常用的交叉算子,在众多算法中得到应用。正如前面章节中介绍的,SBX 算子更加注重局部优化,通过 SBX 算子产生的后代子个体与父代个体差别较小,这有利于算法在局部区域的搜索;而 DE 算子更加注重全局搜索能力,通过 DE 算子能够产生距离父代个体较远的后代子个体,这个算子因其较好的全局搜索能力,被大量用于处理复杂优化问题。对于交叉算子,没有一个交叉算子是能够完全适用于求解任意类型的优化问题的,所以通过混合使用交叉算子是使算法适应不同类型优化问题的重要手段。

MOEA/CD 采用了一种 SBX 算子和 DE 算子两种交叉算子的动态选择机制,以达到在算法进化过程中,通过统计进化信息来自动调整两种交叉算子选中的概率,动态选择交叉算子进行后代个体的产生,从而保障算法在处理不同类型优化问题时的稳定性。假设 SBX 算子和 DE 算子在 t 代时的选中概率分别为 p_{SBX}^t 和

p_{DE}^{t},另外在每一代进化过程中需要统计两种算子选中的次数 s_{SBX} 和 s_{DE} 及每种算子产生的后代个体成功更新种群的次数 u_{SBX} 和 u_{DE},然后在每代进化后根据当前代 t 统计的信息计算由 SBX 算子和 DE 算子产生的后代子个体更新种群的成功率 r_{SBX} 和 r_{DE},利用该个体更新成功率更新得到 $t+1$ 代两种交叉算子的选中概率,如公式 (3-8):

$$\begin{cases} r_{\text{SBX}} = \dfrac{u_{\text{SBX}}}{s_{\text{SBX}}} \\ r_{\text{DE}} = \dfrac{u_{\text{DE}}}{s_{\text{DE}}} \\ p_{\text{SBX}}^{t+1} = 0.5 \cdot p_{\text{SBX}}^{t} + 0.5 \cdot \dfrac{r_{\text{SBX}}}{r_{\text{SBX}} + r_{\text{DE}}} \\ p_{\text{SBX}}^{t+1} = \min(p_{\text{SBX}}^{t+1}, p^{u}) \\ p_{\text{SBX}}^{t+1} = \max(p_{\text{SBX}}^{t+1}, p^{l}) \\ p_{\text{DE}}^{t+1} = 0.5 \cdot p_{\text{DE}}^{t} + 0.5 \cdot \dfrac{r_{\text{DE}}}{r_{\text{SBX}} + r_{\text{DE}}} \\ p_{\text{DE}}^{t+1} = \min(p_{\text{DE}}^{t+1}, p^{u}) \\ p_{\text{DE}}^{t+1} = \max(p_{\text{DE}}^{t+1}, p^{l}) \end{cases} \quad (3\text{-}8)$$

根据公式 (3-8),利用交叉算子个体更新成功率更新完 $t+1$ 代两个交叉算子选中概率后需要将两个选中概率限制在 $[p^{l}, p^{u}]$ 区间,以避免退化为单一交叉算子模式,这个限制范围设置为 $[0.1, 0.9]$。在算法启动时,两种算子的初始概率均设为 0.5,即 $p_{\text{SBX}}^{0} = p_{\text{DE}}^{0} = 0.5$。在进化过程中通过产生一个 $[0,1]$ 区间内的随机数,如果该随机数小于 SBX 算子的选中概率则选择 SBX 算子,否则选择 DE 算子。

3.4 MOEA/CD 算法流程

3.4.1 MOEA/CD 主框架

在算法 3-5 中,主要呈现的是 MOEA/CD 的主框架。首先,初始化阶段是 1~5,这一阶段主要是生成 N 个参考方向向量和 N 个初始化个体,同时将每个个体与特定的参考方向向量进行关联,最后两行是对交叉算子动态选择机制中使用的变量的初始化。紧接着初始化阶段就是算法的主循环流程,在 while 循环中,首先是重组阶段,重组阶段包括两部分,第一部分是 τ 中的参与进化子问题的选择;

第二部分就是对于每个选中子问题的重组操作 (9~15)，该操作包括交叉算子的选择 (9~13)、父代个体的选择和相关重组算子的执行。然后就是更新阶段，在伪码 16、17 中，通过使用 MOEA/CD 中的种群更新策略每个后代个体被用于更新当前种群。额外的，由于交叉算子动态选择机制的使用需要对更新两个交叉算子的选中概率，因此在 18~20 需要对相关数据进行更新操作。最后，当主循环满足终止条件时，返回种群中的所有非劣支配解。对于每个子流程的实现细节将会在后续小节中进行详细介绍。

算法 3-5 MOEA/CD 算法主框架

输入：m：优化问题的目标数量；Ω：决策空间；$F: \Omega \to R^m$；H_1：外层目标坐标系中每个维度上的划分数量；H_2：内层目标坐标系中每个维度上的划分数量；T：邻居数量；δ：父代选择时局部选择的概率。

输出：求解问题的帕累托解集 (PS) 及其对应的帕累托前沿 (PF)。

1: $(N, D, B, E, I, d_0) \leftarrow$ InitializeDirection (H_1, H_2, T)；
2: $(P', z^{\text{ide}}) \leftarrow$ InitializePopKeyPoint()；
3: $P \leftarrow$ AssociateSubproblems $(P', z^{\text{ide}}, I, d_0)$；
4: $s_{\text{SBX}}, u_{\text{SBX}}, s_{\text{DE}}, u_{\text{DE}} \leftarrow 0$；　　//用于交叉算子动态选择机制的信息统计变量
5: $p_{\text{SBX}}^0, p_{\text{DE}}^0 \leftarrow 0.5$；　　//两种交叉算子的选中概率
6: **while** 算法未满足结束条件 **do**
7: 　　$S \leftarrow$ SelectEvolvingSubproblems(E)；
8: 　　**for** $i \in S$ **do**　　　　//对 S 中的每个选中子问题
9: 　　　　$rnd \leftarrow$ 从 [0,1] 区间内随机产生一个随机数；
10: 　　　　**if** $rnd < p_{\text{SBX}}^t$ **then**
11: 　　　　　　$C_T \leftarrow$ SBX；$N_P \leftarrow 2$；//C_T：交叉算子的类型，N_P：父代个体的数据
12: 　　　　**else**
13: 　　　　　　$C_T \leftarrow$ DE；$N_P \leftarrow 3$；
14: 　　　　$pp \leftarrow$ SelectParents (B^i, P, C_T, N_P, I)；
15: 　　　　根据父代个体 pp 执行重组和变异算子来生成一个后代子个体 y；
16: 　　　　$z^{\text{ide}} \leftarrow$ UpdateIdealPoint (y, z^{ide})；

17:     $P \leftarrow \text{ConeUpdate}(y, \boldsymbol{z}^{\text{ide}}, I, d_0)$;
18:     更新用于动态选择交叉算子的统计数据 $s_{\text{SBX}}, u_{\text{SBX}}, s_{\text{DE}}, u_{\text{DE}}$;
19:     根据公式 (3-8) 更新两交叉算子在下一代中的选中概率 $p_{\text{SBX}}^{t+1}, p_{\text{DE}}^{t+1}$;
20:     $s_{\text{SBX}}, u_{\text{SBX}}, s_{\text{DE}}, u_{\text{DE}} \leftarrow 0$;
21: 通过移除算法得到最终种群 P 中被支配的个体来构建帕累托解集 PS, $\tilde{P}^*$;
22: $F(\tilde{P}^*) \leftarrow \{F(\boldsymbol{x}) | \boldsymbol{x} \in \tilde{P}^*\}$;
23: **return** $\tilde{P}^*, F\left(\tilde{P}^*\right)$

3.4.2 初始化阶段

在初始化阶段，首先根据算法 3-1 产生 N 个参考方向向量。然后根据算法 3-6 生成 N 个初始化的个体，构成初始化种群，同时，理想 $\boldsymbol{z}^{\text{ide}}$ 也在这一过程得到初始化。在 MOEA/CD 中，种群中的每一个个体需要关联一个特有的子问题，而这个关联流程正如算法 3-7 所呈现的。这个关联过程分为两个阶段，第一阶段为 4~13，种群中的每个个体首先根据锥形分解策略找到其归属的锥形子区域，并与该锥形子区域对应的子问题进行关联。特别地，当有多个个体关联同一个子问题时，通过个体对比规则 [公式 (3-7)] 选择最佳个体进行关联。第二阶段为 14~20，对第一阶段中被舍弃关联的的每一个个体 y，先计算其观察向量 $V(y)$，并从所有还未被关联的子问题中选择一个最佳子问题，这个子问题的参考方向向量与待关联个体的观察向量的欧氏距离在所有未关联子问题中是最小的，并将待关联个体与选中的子问题进行关联。

算法 3-6 种群初始化过程 (InitializePopKeyPoint)

输出：P'：初始种群；$\boldsymbol{z}^{\text{ide}}$：初始理想点。

1: 在决策空间 Ω 中随机初始化个体的染色体，从而生成 N 个初始化个体 $P' = \{P^1, P^2, \cdots, P^N\}$;
2: 根据初始化种群，按照 $z_j^{\text{ide}} = \min_{y \in P'} f_j(y)$ 计算初始理想点 $\boldsymbol{z}^{\text{ide}} = (z_1^{\text{ide}}, z_2^{\text{ide}}, \cdots, z_m^{\text{ide}})$;
3: **return** $P', \boldsymbol{z}^{\text{ide}}$

算法 3-7 子问题与个体之间的关联过程 (AssociateSubproblems)

输入: P': 初始种群; z^{ide}: 理想点; I: 参考方向向量 K-D 树。
输出: P: 与参考方向向量分别关联的种群

1: **for** $i \leftarrow 1$ **to** N **do**
2:     $x^{i,*} \leftarrow \text{null}$;
//P' 中的每个初始化个体, 分别关联一个特定的锥形子区域 (子问题)
3:    $P'' \leftarrow \varnothing$;
4: **for** $i \leftarrow 1$ **to** N **do**
5:     $k \leftarrow \text{NearestRV}\left(y^i, z^{\text{ide}}, I\right)$;
6:     **if** $x^{k,*} == \text{null}$ **then**
7:        $x^{k,*} \leftarrow y^i$;
8: **else**
9:    **if** $y^i \triangleleft^{\lambda^k} x^{k,*}$ **then**   //个体对比规则公式 (3-7)
10:       $P'' \leftarrow P'' \cup \{x^{k,*}\}$;
11:       $x^{k,*} \leftarrow y^i$;
12:    **else**
13:       $P'' \leftarrow P'' \cup \{y^i\}$;
14: $S \leftarrow \varnothing$;
15: **for** $k \leftarrow 1$ **to** N **do**
16:    **if** $x^{k,*} == \text{null}$ **then**
17:       $S \leftarrow S \cup \{k\}$;
18: **for** $y \in P''$ **do**   //对每一个待关联个体
19:     $k \leftarrow \text{argmin}_{i \in S} ||V\left(y, z^{\text{ide}}\right) - \lambda^i||$;
20:     $x^{k,*} \leftarrow y$;
21: $P \leftarrow \{x^{1,*}, x^{2,*}, \cdots, x^{N,*}\}$;
22: **return** P

3.4.3 重组阶段

重组阶段就是从当前种群中选择父代个体, 通过相关重组算子产生后代子个体的过程。在 MOEA/CD 中重组阶段由以下 4 个组件构成: ① 参与进化的子问题集合的选择; ② 交叉算子的动态选择; ③ 父代个体的选择; ④ 重组算子的执行。

由于在 MOEA/CD 中，理想点的确定对于锥形分解策略的坐标系统起到很重要的作用，在 MOEA/CD 中通过增加对每一代参与进化的子问题集合的选择这一操作，以强调边缘子区域的重要性 (边缘子区域指的是那些对应参考方向向量中至少有一个坐标值为 0 的锥形子区域)。在算法的初期，更快地确定理想点能够增加锥形分解策略坐标系统的稳定性，从而提升 MOEA/CD 的稳定性，因此引入一种自适应机制，增加算法初期边缘子区域的选中概率。这一个操作的算法伪码如算法 3-8 所示。函数SelectEvolvingSubproblems(...)在算法主流程中 (算法 3-5 的 7)，在每代进化之前执行一次，主要是选择 N 个子问题供后面父代个体选择使用。这 N 个选中的子问题主要是从所有 N 个子问题和额外候选边缘子问题构成的可重复集合中随机选择 N 个子问题。对于额外的候选边缘子问题的数量 N_e 根据公式 (3-9) 进行自适应设置，为了更加直观地理解该自适应方法，在图 3-3 中展示了该自适应方法中额外考虑的边缘子问题数量的自适应变化趋势，其中 $N_e^{\max}$ 被设置为子问题总数的五分之一和五倍边缘子问题总数这两个值中的最小值。通过使用这种自适应方法，在算法初期，边缘子区域所关联的个体被选中作为父代个体参与进化的概率大大增加，而在算法后期这种概率又快速地衰减以达到平衡各个子问题选中概率而增加整体的多样性的考虑。

$$N_e = \left\lceil \frac{N_e^{\max}}{1 + \exp\left[-15 \times \left(\dfrac{k}{k_{\max}} - 0.382\right)\right]} \right\rceil \tag{3-9}$$

其中 $\lceil \cdot \rceil$ 表示的是向上取整函数，$N_e^{\max}$ 是最大可允许的最大额外边缘子问题数量，k 是当前算法的已评估个体数，$k_{\max}$ 是预定义的算法最大个体评估数。

算法 3-8 参与下一代进化的 N 个子问题的选择过程 (SelectEvolvingSubproblems)

输入: $E = \{e_j\}$：边缘参考方向向量的下标集合。

输出: S：参与下一代进化的子问题的下标集合。

1: $N_e \leftarrow$ 参与进化子问题选择操作的额外边缘子问题的自适应数量；

2: $S_e \leftarrow$ 从 E 中随机选择 N_e 个下标 (允许重复)；

3: $S_w \leftarrow S_e \cap \{1, \cdots, N\}$；

4: $S \leftarrow$ 从 S_w 中随机选择 N 个下标；

5: **return** S

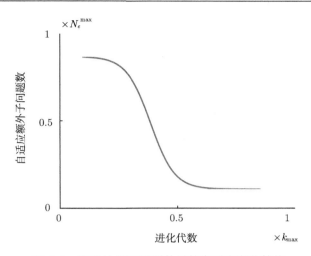

图 3-3 额外边缘子问题数量的自适应变化趋势

交叉算子动态选择操作根据 3.3 节中动态更新的 SBX 算子和 DE 算子的选中概率，动态决定父代个体选择操作中选择的父代个体的数量 N_{po} 和后代产生过程中的交叉算子。具体动态确定方法如算法 3-5 中的 9~13，即通过产生一个 [0,1] 区间内的随机数 rnd，如 rnd 小于 SBX 算子选中概率 p_{SBX}^t，则该次的交叉算子为 SBX 算子，需要两个父代个体，否则使用 DE 算子作为交叉算子，需要三个父代个体。

父代个体选择操作主要是选择用于后代子个体生成的父代个体，选择过程的伪码如算法 3-9 所示。首先，先判断选中的子问题关联的个体的理想归属子问题是否与当前关联的子问题一致，如果一致则将该选中子问题加入用于交配的父代个体集合中 (2~5)。接着，在 [0,1] 区间内随机选择一个随机数 rnd，如果 rnd 小于局部选择的概率 $delta$，则接下来的父代个体选择过程将会在选定子问题的邻居子问题 B^i 中关联的个体中进行选择 (9)，否则从全部子问题关联的个体中选择父代个体 (11) 以实现更好的全局搜索。剩下操作的就是从以上选定的范围内通过锦标赛选择算子选择父代个体 (12)，直至满足预定的父代个体数量 N_p。而锦标赛选择算子的具体伪码可见算法 3-10，两个选中进行对比的候选子问题中关联的个体 y^a 和 y^b 首先是进行帕累托占优比较，选择占优者；如果两者相等或者互不占优，则个体所关联的子问题是其通过锥形分解策略确定的归属子问题的更优；如果两者均有正确的归属关系，则从两者中随机选中一个即可。

算法 3-9　父代个体选择过程

输入:i: 选中的子问题下标；B: 邻居参考方向向量的下标集合；P: 当前种群；N_p: 用于重组操作的父代个体数量；I: 参考方向向量 K-D 树。

输出: pp: 选中的父代个体集合。

1: $c \leftarrow 0$;

2: $k \leftarrow \text{NearestRV}\left(x^{i,*}, z^{\text{ide}}, I\right)$;

3: **if** $k == i$ **then**

4: 　　$pp \leftarrow pp \cap x^{i,*}$;

5: 　　$c \leftarrow c + 1$;

6: $rnd \leftarrow$ 从 [0,1] 范围中随机产生一个随机数；

7: **while** $c < N_p$ **do**

8: 　　**if** $rnd < \delta$ **then**

9: 　　　　从 B^i 中随机选择两个相异的下标 i_a 和 i_b；

10: 　　**else**

11: 　　　　从 $\{1, 2, \cdots, N\}$ 中随机选择两个相异的下标 i_a 和 i_b；

12: 　　$pp \leftarrow pp \cap \text{TournamentSelect}\,(i_a, i_b, I)$;

13: 　　$c \leftarrow c + 1$;

14: **return** PP;

算法 3-10　锦标赛选择算子

输入: i_a, i_b: 两个候选子问题的下标；I: 参考方向向量 K-D 树。

输出: y^*: 选中进入交配池的个体。

1: $y^a \leftarrow x^{i_a,*}$, $y^b \leftarrow x^{i_b,*}$;

2: **if** $y^a \prec y^b$ **then**

3: 　　$y^* \leftarrow y^a$;

4: **else if** $y^b \prec y^a$ **then**

5: 　　$y^* \leftarrow y^b$;

6: **else**

7: 　　$k_a \leftarrow \text{NearestRV}\left(y^a, z^{\text{ide}}, I\right)$;

8:　　$k_b \leftarrow \text{NearestRV}(y^b, z^{\text{ide}}, I)$;
9:　**if** $k_a == i_a$ **and** $k_b \neq i_b$ **then**
10:　　$y^* \leftarrow y^a$;
11:　**else if** $k_a \neq i_a$ **and** $k_b == i_b$ **then**
12:　　$y^* \leftarrow y^b$;
13:　**else**
14:　　$y^* \leftarrow$ 从 y^a 和 y^b 中随机选一个;
15: **return** y^*

对于重组算子的执行，交叉算子的选择由前面提到的动态交叉算子选择机制来决定，已在之前步骤中确定了交叉算子类型。变异算子则选择多项式变异算子[77]来对交叉算子产生的后代个体进行变异操作。

3.4.4 更新阶段

对于每一个产生的后代子个体，会先用于更新全局理想点，然后根据 MOEA/CD 中的锥形更新策略更新父代种群 P，锥形更新策略的伪码如算法 3-11 所示。

算法 3-11　锥形更新策略

输入: y: 用于更新操作的后代子个体; z^{ide}: 当前理想点; P: 当前种群; I: 由参考方向向量构建的 K-D 树; d_0: 参考方向向量间最小距离的平均值。

输出: P: 完成更新操作后的种群

1: $k \leftarrow \text{NearestRV}(y, z^{\text{ide}}, I)$;
2: $y' \leftarrow x^{k,*}$;
3: $k' \leftarrow \text{NearestRV}(x^{k,*}, z^{\text{ide}}, I)$;
4: **if** $k \neq k''$ **then**
5:　　$x^{k,*} \leftarrow y$;
6:　　$P \leftarrow \text{ConeUpdate}(y', z^{\text{ide}}, P, I, d_0)$;
7: **else if** $y \triangleleft^{\lambda^k} x^{k,*}$ **then**　　//根据个体对比规则公式 (3-7)
8:　　$x^{k,*} \leftarrow y$;
9: **return** P

锥形更新策略主要包含 4 步:

① 根据锥形分解策略定位后代子个体 y，获取归属锥形子区域的下一行。

② 定位当前种群中锥形子区域 Φ^k 中关联的个体 $x^{k,*}$ (y')，并得到其理想归属锥形子区域的下标 k' (3)。

③ 如果理想归属子区域并不是存储个体 $x^{k,*}$ (y') 的子区域 ($k \neq k'$，算法 3-11 中的 4)，则后代子个体直接保存下来，并与锥形子区域 Φ^k 进行关联。特别地，被舍弃的原储存的个体 y' 将会继续使用锥形更新策略更新已更新后的种群 (6)，这就是锥形更新策略中的迭代更新模式。

④ 否则 $k == k'$ (7)，后代子个体 y 需要按照个体对比规则 [公式 (3-7)] 与对应锥形子区域 Φ^k 中所保存的个体 $x^{k,*}$ 进行比较。如果后代子个体更优，则使用这个子个体替换掉原来存储的个体 $x^{k,*}$，并将该后代子个体与锥形子区域 Φ^k 进行关联。

通过使用锥形更新策略，前面章节中提及的原始版本 MOEA/D 中的潜在问题可以得到很好的解决。如图 3-4 所示，这里提供了三个例子来明确地说明锥形更新策略的更新模式。如图 3-4a 所示，这是与 MOEA/D 中的潜在问题的第一类相同的一个例子，在 MOEA/CD 中，使用了锥形更新策略即使新生成的后代子个体距离父代个体较远，也能正确地找到其归属的锥形子区域并替换掉其对应子问题 S_5 当前关联的个体并与 S_5 相关联。由于锥形更新策略，MOEA/CD 中种群的多样性可以得到非常好的保证，同时由于每个子个体最多只能更新一个已存在种群中的个体，这就避免了同一个个体同时关联多个子问题的情况。图 3-4b 中的例子

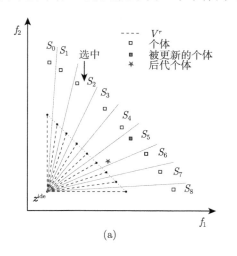

(a)

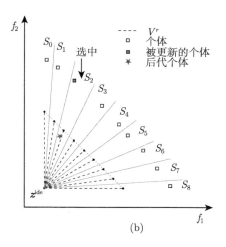

(b)

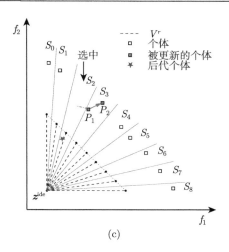

图 3-4 MOEA/CD 算法中锥形更新机制的三种直观情形示例

正说明了这一点，在这个例子中只有与子问题 S_2 关联的个体被替换了，而不会像 MOEA/D 在图 1-1b 中所示那样会同时替换三个子问题 S_1、S_2 和 S_3 所关联的三个个体。第三个例子如图 3-4c 所示，这个例子说明了锥形更新策略中的迭代模式的运行方式，在这个例子中，可能由于理想点的更新或其他原因导致个体 P_1 所关联的子问题 S_2 并不是锥形分解策略得到的理想归属子问题。通过使用锥形更新策略，后代子个体能够替换个体 P_1 并关联子问题 S_2，同时这个被替换的个体 P_1 能够通过迭代更新模式得以保留，转而替换掉 P_1 的理想归属子问题 S_3 当前所关联的个体 P_2。迭代更新模式使锥形更新策略能够更加稳定地更新种群，得到更好的种群。

3.5 MOEA/CD 的算法复杂度分析

为了分析 MOEA/CD 的算法复杂度，假定先只考虑算法 3-3 中主循环中的每一代进化的复杂度。除去基本的进化算子如交叉算法和变异算子，还有计算较简单地理想点更新过程 (UpdateIdealPoint(...)) 之外，MOEA/CD 的主要计算开销存在于以下三个操作中。

① SelectEvolvingSubproblems(...)：正如算法 3-8 所示，这一操作的计算复杂度为 $O(N)$，其中 N 代表的是种群大小。

② SelectParents(...)：这一部分的主要复杂度在于锦标赛选择算子，并且每次最多执行 N_P 次，在该算法中使用 SBX 算子时 $N_P = 2$，而在用 DE 算子时 $N_P = 3$。锦标赛算子的算法伪码如算法 3-10 所示，首先需要进行帕累托占优比较，这部分算法的计算复杂度是 $O(m)$，m 是优化问题的目标数。另外算法 3-2，即 NearestRV(...) 的算法复杂度由观察向量的计算 $O(m)$ 和 K-D 树查询时的平均复杂度 $O(m \log(N))$ 构成，所以 SelectParents(...) 操作的总的算法复杂度是 $O(m \log(N))$。

③ ConeUpdate(...)：这一操作主要由 NearestRV(...) 和公式 (3-7) 中的个体比较规则两个部分构成，值得注意的是，这一操作会出现迭代调用的情况。两个部分的计算复杂度分别是 $O(m \log(N))$ 和 $O(m)$。假设迭代的深度是 c 则这一操作的平均复杂度为 $O(cm \log(N) + m) = O(cm \log(N))$。

总之，除了最基本的进化操作，MOEA/CD 每代的平均算法复杂度为 $O(cm \log(N))$，这说明 MOEA/CD 拥有较好的计算效率。为了验证 MOEA/CD 计算的高效性，在 3.6 节中会进行相应的测试实验。

3.6 MOEA/CD 算法的实验测试与结果分析

本书中所有实验均在以下的实验环境 (包括硬件配置及软件环境) 中进行。

硬件配置：
- 处理器 Inter(R) Core(TM) i5-3470 CPU @3.20GHz 3.20GHz
- 内存 4.00GB
- 硬盘 120GB 固态硬盘；500GB 机械硬盘

软件环境：
- Window7 64 位
- IntelliJ IDEA Community Edition 2016.1
- Matlab R2015a
- Textstudio 2.10.4

3.6.1 实验配置

在本节实验中，选择 MOP 标准测试例 [78] 中的 MOP1~MOP7 7 个测试例，以及 DTLZ 标准测试例[79]中的 DTLZ1~DTLZ4 和 DTLZ2 的扩展测试例 Convex_DTLZ2 5 个测试例，进行算法性能测试。这里使用的 MOP 测试例主要是为了测试算法在低维目标空间中求解复杂优化问题的能力，它们也在最近新提出的几种 MOEA/D 变体算法如 MOEA/D-M2M、MOEA/D-GR 和 MOEA/D-CD 等算法中用于测试算法性能。其中 MOP1~MOP5 5 个测试例是二目标优化问题，而 MOP6 和 MOP7 是三目标优化问题。本书中使用的 MOP 测试例都是最小化多目标测试问题，MOP 测试例的数学表达式及前沿特征如表 3-1 所示，各个测试例的决策变量数为 $n=10$，决策变量的作用域均为 $[0,1]$。

表 3-1 MOP 测试例的数学表达式及前沿特征

测试例	问题数学表示	前沿特征
MOP1	$f_1=(1+g)\,x_1$ $f_2=(1+g)\left(1-\sqrt{x_1}\right)$ $g=2\sin(\pi x_1)\sum_{i=2}^{n}\left(-0.9t_i^2+\|t_i\|^{0.6}\right)$ $t_i=x_i-\sin(0.5\pi x_1)$	$f_2=1-\sqrt{f_1}$ $0\leqslant f_1\leqslant 1$ 凸形、多峰
MOP2	$f_1=(1+g)\,x_1$ $f_2=(1+g)\left(1-x_1^2\right)$ $g=10\sin(\pi x_1)\sum_{i=2}^{n}\dfrac{\|t_i\|}{1+e^{5\|t_i\|}}$ $t_i=x_i-\sin(0.5\pi x_1)$	$f_2=1-f_1^2$ $0\leqslant f_1\leqslant 1$ 凹形、多峰
MOP3	$f_1=(1+g)\cos(0.5\pi x_1)$ $f_2=(1+g)\sin(0.5\pi x_1)$ $g=10\sin(0.5\pi x_1)\sum_{i=2}^{n}\dfrac{\|t_i\|}{1+e^{5\|t_i\|}}$ $t_i=x_i-\sin(0.5\pi x_1)$	$f_2=\sqrt{1-f_1^2}$ $0\leqslant f_1\leqslant 1$ 凹形、多峰
MOP4	$f_1=(1+g)\,x_1$ $f_2=(1+g)\left(1-x_1^{0.5}\cos^2(2\pi x_1)\right)$ $g=10\sin(\pi x_1)\sum_{i=2}^{n}\dfrac{\|t_i\|}{1+e^{5\|t_i\|}}$ $t_i=x_i-\sin(0.5\pi x_1)$	凹形、非连续、多峰

续表

测试例	问题数学表示	前沿特征
MOP5	$f_1 = (1+g)x_1$ $f_2 = (1+g)\left(1-\sqrt{x_1}\right)$ $g = 2\|\cos(\pi x_1)\|\sum_{i=2}^{n}\left(-0.9t_i^2 + \|t_i\|^{0.6}\right)$ $t_i = x_i - \sin(0.5\pi x_1)$	$f_2 = 1 - \sqrt{f_1}$ $0 \leqslant f_1 \leqslant 1$ 凸形、多峰
MOP6	$f_1 = (1+g)x_1 x_2$ $f_2 = (1+g)x_1(1-x_2)$ $f_3 = (1+g)(1-x_1)$ $g = 2\sin(\pi x_1)\sum_{i=3}^{n}\left(-0.9t_i^2 + \|t_i\|^{0.6}\right)$ $t_i = x_i - x_1 x_2$	$f_1 + f_2 + f_3 = 1$ $0 \leqslant f_1, f_2, f_3 \leqslant 1$ 线性、多峰
MOP7	$f_1 = (1+g)\cos(0.5\pi x_1)\cos(0.5\pi x_2)$ $f_2 = (1+g)\cos(0.5\pi x_1)\sin(0.5\pi x_2)$ $f_3 = (1+g)\sin(0.5\pi x_1)$ $g = 2\sin(\pi x_1)\sum_{i=3}^{n}\left(-0.9t_i^2 + \|t_i\|^{0.6}\right)$ $t_i = x_i - x_1 x_2$	$f_1^2 + f_2^2 + f_3^2 = 1$ $0 \leqslant f_1, f_2, f_3 \leqslant 1$ 凹形、多峰

DTLZ 系列的测试例主要是易扩展的高维标准优化测试例，在近年来提出的一些高维多目标进化算法如 NSGA-III[35] 和 MOEA/DD[19] 中得到广泛的采用。另外，Convex DTLZ2[35] 是根据 DTLZ2 修改得来的，主要是用于扩展 DTLZ 系列原始测试例的特征，增加凸形前沿特征。这里使用的 DTLZ 系列测试例及其变体测试例的数学表达式及前沿特征在表 3-2 中给出。本书使用的 DTLZ 系列测试例均为最小化问题，主要是测试目标数分别为 $m \in \{3, 5, 8, 10, 15\}$ 的测试例，另外决策变量的设置按照公式 $n = m + k - 1$ 得到，其中对于 DTLZ1 系列 $k = 5$，而对于 DTLZ2~DTLZ4 和 Convex DTLZ2，它们的 k 设置为 10。决策变量的作用域均为 $[0, 1]$。

本节实验利用超体积[80,81]作为唯一的性能评估指标，用于评估不同算法求得的解集的质量。在计算超体积时，参考点的选择很重要，在本节实验中超体积计算使用的参考点设置为 $1.1\hat{z}^{\text{nad}}$，这里 $\hat{z}^{\text{nad}}$ 是每个问题的真实天底点，即真实

表 3-2　DTLZ 系列测试例及其变体测试例的数学表达式及前沿特征

测试例	问题数学表达	特征	推荐 k
DTLZ1	$f_1 = 0.5(1+g)\prod_{i=1}^{m-1} x_i$ $f_{j=2:m-1} = 0.5(1+g)(1-x_{m-j+1})\prod_{i=1}^{m-j} x_i$ $f_m = 0.5(1+g)(1-x_1)$ $g = 100\Big[k + \sum_{i=n-k}^{n}\big((x_i-0.5)^2 - \cos(20\pi(x_i-0.5))\big)\Big]$	$\sum_{i=1}^{m} f_i = 0.5$ 线性、多峰	5
DTLZ2	$f_1 = (1+g)\prod_{i=1}^{m-1}\cos(0.5\pi x_i)$ $f_{j=2:m-1} = (1+g)\left(\prod_{i=1}^{m-1}\cos(0.5\pi x_i)\right)\sin(0.5\pi x_{m-j+1})$ $f_m = (1+g)\sin(0.5\pi x_1)$ $g = \sum_{i=n-k}^{n}(x_i-0.5)^2$	$\sum_{i=1}^{m} f_i^2 = 1$ 凹形	10
DTLZ3	目标函数 $f_i, i \in [1,\cdots,m]$ 与 DTLZ2 相同，g 函数与 DTLZ1 相同	$\sum_{i=1}^{m} f_i^2 = 1$ 凹形、多峰	10
DTLZ4	$f_1 = (1+g)\prod_{i=1}^{m-1}\cos(0.5\pi x_i^\alpha)$ $f_{j=2:m-1} = (1+g)\left(\prod_{i=1}^{m-1}\cos(0.5\pi x_i^\alpha)\right)\sin(0.5\pi x_{m-j+1}^\alpha)$ $f_m = (1+g)\sin(0.5\pi x_1^\alpha)$ $g = \sum_{i=n-k}^{n}(x_i-0.5)^2$	$\sum_{i=1}^{m} f_i^2 = 1$ 凹形、分布不均	10
Convex DTLZ2	目标函数 $f_i, i \in [1,\cdots,m]$ 和 g 函数 DTLZ2 相同， 然后通过以下公式对目标函数进行转化： $f_{i=1:m-1} = f_i^4$ $f_m = f_m^2$	$f_m + \sum_{i=1}^{m-1}\sqrt{f_i} = 1$ 凸形	10

前沿在每个维度上的最大值。为了方便统一性能评估，在计算超体积值之前本书中所有算法得到的解集的目标向量 y 均先通过真实理想点 z^{ide} 和真实天底点 z^{nad} 按

照 $\bar{y}^i = \frac{y^i - \hat{z}_i^{\text{ide}}}{\hat{z}_i^{\text{nad}} - \hat{z}_i^{\text{ide}}}, i \in \{1, \cdots, m\}$，进行标准化处理。经过标准化处理后，所有的目标向量都会被限制在 $[0,1]^m$ 区间内，所以计算超体积的参考点就可以转变为相同的一个点 $(1.1, \cdots, 1.1)$。另外，对于所有没能支配该参考点的解在计算超体积过程中均会被舍弃。本实验使用 WFG 算法[66]对 2 目标到 8 目标的问题进行精准的超体积计算，而对于更高维度的问题由于超体积计算复杂度太高则采用 Monte Carlo 采样的方法[70]进行超体积的近似计算。最后计算得到的超体积还会通过除以由原点 $(0, \cdots, 0)$ 和参考点 $(1.1, \cdots, 1.1)$ 所围成的超立方体的超体积，得到一个 $[0,1]$ 区间的标准化后的超体积值。对于实验所用的标准测试例，真实理想点都是 $(0, \cdots, 0)$。而 MOP 系列的真实天底点是 $(1.0, \cdots, 1.0)$，3~15 目标 DTLZ1 问题的真实天底点是 $(0.5, \cdots, 0.5)$，3~15 目标 DTLZ2~DTLZ4 和 Convex DTLZ2 的真实天底点是 $(1, \cdots, 1)$。

本节实验挑选了 6 种优秀的多目标进化算法与本章描述的 MOEA/CD 算法进行性能对比，这 6 种算法分别是 MOEA/D、MOEA/D-DE[38]、MOEA/D-AGR[40]、MOEA/D-ACD[21]、NSGA-III 和 MOEA/DD。另外也比较了 MOEA/CD 的两个变体对比算法，分别是只使用 SBX 算子和只使用 DE 算子的两个变体算法，记为 MOEA/CD-SBX 和 MOEA/CD-DE。实验中的所有算法均是使用一个基于 Java 编程语言多目标优化框架 JMetal[82,83]实现的。

对于选中的多种算法，有一些算法的基本配置信息总结如下。

① 种群大小：种群大小 N 都是与方向向量(权重向量)的数量一致的，而方向向量的生成方法都是与 MOEA/DD 算法一致。各个测试例在实验中算法种群规模的设置情况如表 3-3 所示。

② 运行的次数和终止条件：在每个测试例上每个算法都独立运行 25 次。在实验中终止条件均为预定的最大运行代数，而各个测试例在算法中的终止条件如表 3-4 所示。

③ 邻居数：$T = 20$。

④ 邻居中选择父代个体的概率：$\delta = 0.9$。

⑤ 重组算子的设置：对于交叉算子的使用，在对比算法中 MOEA/D、NSGA-III、MOEA/DD 和 MOEA/CD-SBX 均使用 SBX 算子，而 MOEA/D-DE、MEOA/D-ACD、MOEA/D-AGR 和 MOEA/CD-DE 均使用 DE 算子，而 MOEA/CD 算法则混

合使用这两种算子。交叉概率均设置为 $P_c = 1.0$，SBX 算子的分布因子 $\eta_c = 30$，DE 算子中量化因子 $F = 0.5$。而变异算子均采用多项式变异算子，变异概率 $P_m = \dfrac{1}{n}$，分布因子 $\eta_m = 20.0$。

⑥ PBI 中的惩罚参数: 除了 NSGA-III 和 MOEA/CD 及其两个变体外，其他对比算法中使用的标量化方法均是 PBI，其惩罚参数 $\theta = 5.0$。

表 3-3　各个测试例在实验中算法种群规模的设置情况

测试例	目标数 m	(H_1, H_2)	种群规模 N
MOP1-5	2	(99,0)	100
MOP6-7	3	(23,0)	300
DTLZ1-4 Convex DTLZ2	3	(12,0)	91
	5	(6,0)	210
	8	(3,2)	156
	10	(3,2)	275
	15	(2,1)	135

表 3-4　各个测试例在算法中的终止条件（最大进化代数）

测试例	$m=2$	$m=3$	$m=5$	$m=8$	$m=10$	$m=15$
MOP1-5	3000	—	—	—	—	—
MOP6-7	—	3000	—	—	—	—
DTLZ1	—	400	600	750	1000	1500
DTLZ2	—	250	350	500	750	1000
DTLZ3	—	1000	1000	1000	1500	2000
DTLZ4	—	600	1000	1250	2000	3000
Convex DTLZ2	—	250	750	2000	4000	4500

3.6.2　算法解集质量分析

本小节分别在 MOP 系列测试例和 DTLZ 系列测试例上对 MOEA/CD 算法及其对比算法进行解集质量分析。

1. MOP 系列测试例的解集质量分析

设计 MOP 系列测试例的目的主要是用于测试算法处理复杂多目标优化问题的能力。MOP 系列测试例的超体积计算结果在表 3-5 中详细列出来了，其中每一

表 3-5 各个对比算法对 MOP 系列测试例实验得到的超体积结果（最佳值、平均值、标准差）

测试例	m	MOEA/D	MOEA/D-DE	MOEA/D-ACD	MOEA/D-AGR	NSGA-III	MOEA/DD	MOEA/CD-SBX	MOEA/CD-DE	MOEA/CD
MOP1	2	0.619 70	0.692 41	0.694 59	0.692 34	0.245 85	0.632 63	0.648 62	0.699 75	0.698 79
		0.459 07	0.687 26	0.688 19	0.688 34	0.235 29	0.625 79	0.637 57	0.694 48	0.695 03
		0.164 14	0.003 34	0.003 27	0.003 03	0.006 32	0.004 60	0.004 88	0.002 51	0.002 41
MOP2	2	0.321 04	0.436 24	0.437 95	0.435 74	0.195 92	0.408 21	0.412 27	0.440 89	0.440 66
		0.243 49	0.287 55	0.391 06	0.284 37	0.175 90	0.389 56	0.406 72	0.402 88	0.439 41
		0.039 84	0.101 11	0.070 21	0.106 20	0.006 44	0.014 77	0.005 74	0.069 77	0.001 54
MOP3	2	0.322 01	0.344 44	0.343 82	0.344 39	0.282 90	0.335 45	0.335 84	0.346 09	0.346 16
		0.302 42	0.338 72	0.323 13	0.324 66	0.257 01	0.329 96	0.332 38	0.335 77	0.345 79
		0.012 36	0.007 10	0.023 26	0.030 27	0.018 13	0.003 95	0.003 20	0.021 55	0.000 22
MOP4	2	0.397 07	0.585 32	0.586 40	0.589 99	0.299 76	0.569 21	0.564 72	0.595 90	0.597 17
		0.328 02	0.454 62	0.561 03	0.484 62	0.284 67	0.546 24	0.546 45	0.573 83	0.594 06
		0.025 47	0.117 53	0.045 58	0.115 14	0.008 28	0.021 80	0.023 77	0.034 46	0.002 09

续表

测试例	m	MOEA/D	MOEA/D-DE	MOEA/D-ACD	MOEA/D-AGR	NSGA-III	MOEA/DD	MOEA/CD-SBX	MOEA/CD-DE	MOEA/CD
MOP5	2	0.487 72	0.695 25	0.696 63	0.697 67	0.441 54	0.638 34	0.641 21	0.700 84	**0.701 75**
		0.412 56	0.633 40	0.693 35	0.693 26	0.412 10	0.629 44	0.635 70	0.696 84	**0.697 60**
		0.022 33	0.119 67	0.002 41	0.002 62	0.017 32	0.004 77	0.004 06	**0.002 13**	0.002 64
MOP6	3	0.804 35	0.816 39	0.818 54	0.817 34	0.621 08	0.823 04	**0.829 71**	**0.833 21**	0.829 29
		0.790 54	0.807 80	0.815 65	0.811 90	0.620 47	0.818 65	0.825 95	**0.831 23**	**0.827 56**
		0.012 35	0.007 23	0.001 56	0.002 79	**0.000 37**	0.002 60	0.001 97	0.001 03	**0.000 84**
MOP7	3	0.489 43	0.507 17	0.497 42	0.498 83	0.406 76	0.517 50	**0.527 74**	0.525 89	0.515 54
		0.413 24	0.482 21	0.493 78	0.485 90	0.405 91	0.502 50	0.518 00	**0.521 90**	0.515 54
		0.027 00	0.026 28	0.002 05	0.023 96	**0.000 51**	0.005 88	0.004 95	0.001 96	**0.001 80**

项都包含最佳值、平均值和标准差。另外，对于每一个具体的数据项，在所有算法中如果是最佳的就以深灰色为底、加粗字体进行标记，而次优的只用浅灰色为底进行标记。后续相关表格也以类似的方法标记。各个对比算法对 MOP 系列测试例实验的得到的超体积结果如表 3-5 所示。此外图 3-5 和图 3-6 分别为 MOP4 测试例上各算法取得的超体积最佳和最差的帕累托前沿图。

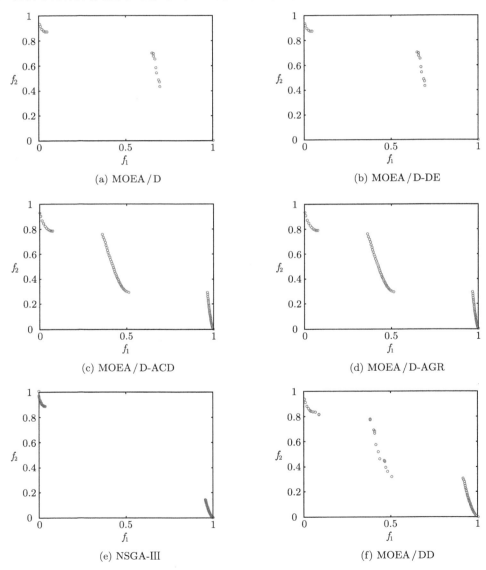

第 3 章 锥形分解高维多目标进化算法 MOEA/CD

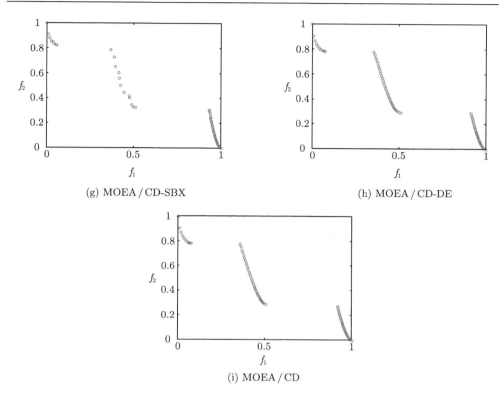

图 3-5 在 MOP4 测试例上各算法取得的超体积最佳的帕累托前沿图

首先对比使用交叉算子动态选择机制的 MOEA/CD 在大多测试例上优于其两个单独使用 SBX 算子和 DE 算子的两种变体算法 MOEA/CD-SBX、MOEA/CD-DE。在 21 项数据项对比中,MOEA/CD 总共有 18 项优于 MOEA/CD-SBX,有 14 项优于 MOEA/CD-DE。另外从图 3-5g、图 3-5h 和图 3-5i 中对比可以看出单独

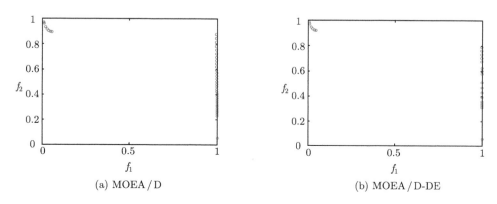

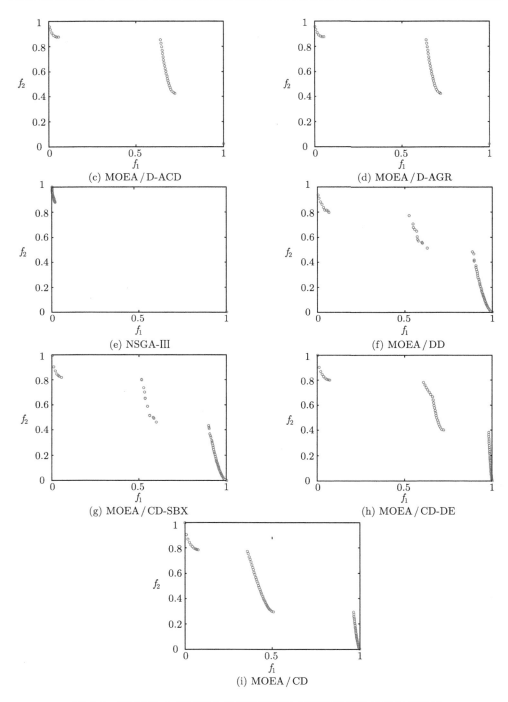

图 3-6 在 MOP4 测试例上各算法取得的超体积最差的帕累托前沿图

使用 SBX 算子的 MOEA/CD-SBX 在前沿上拥有的点数明显少于使用 DE 算子的两种算法，这也说明了 DE 算子拥有更好的全局搜索能力。而对比图 3-6g、图 3-6h 和图 3-6i，在最差情况下，混合使用两种交叉算子的 MOEA/CD 表现得更加稳定，能够取得与最佳情况下较为接近的结果，这也可以从表 3-5 中的标准差数据项上看出，在大多数测试例 MOEA/CD 的标准差比其他两个对比算法小。

对比 MOEA/CD 和 MOEA/D 及其 3 种变体算法 MOEA/D-DE、MOEA/D-ACD 和 MOEA/D-AGR。首先 3 种变体算法在处理 MOP 测试例时基本能取得比原始 MOEA/D 算法好的结果，表明 3 种变体算法在一定程度上对原始 MOEA/D 中存在的问题有一定的处理效果。但这 4 种算法在与 MOEA/CD 对比时，在表 3-5 中 MOEA/CD 在 21 个对比数据项中有 20 项取得最佳。另外，对比图 3-5 和图 3-6 中的 MOEA/D 及其变体算法的帕累托前沿图，在最佳情况下能够取得较好前沿的 MOEA/D-DE、MEOA/D-ACD 和 MOEA/D-AGR，它们最差情况下都有不同程度上的衰退，而 MOEA/CD 依然能够比较稳定地维持与最佳情况下较接近的前沿结果。因此，MOEA/CD 在处理 MOP 测试例上基本优于 MOEA/D 及其变体算法。

与 NSGA-Ⅲ和 MOEA/DD 对比，从表 3-5 中数据明显看出 NSGA-Ⅲ算法在处理 MOP 测试例时不如 MOEA/CD。而 MOEA/DD 由于也是使用了 SBX 算子，在图 3-5f 中最终前沿上点数较少，但是 MOEA/DD 也是比较稳定的，如图 3-6f 中，在最差情况下 MOEA/DD 虽然也有一定程度的衰退，但还能基本维持接近真实前沿的形状。

从以上的结果分析中可以看出，在处理 MOP 测试例时，MOEA/CD 是 9 种对比算法中的最佳优化算法，且混合使用 SBX 算子和 DE 算子的动态选择机制时能够使算法更加稳定。

2. DTLZ 系列测试例的解集质量分析

各算法在 DTLZ 系列测试例上取得的超体积结果如表 3-6～表 3-10 所示。从表 3-6～表 3-10 这些实验结果可以明显地看出，MOEA/CD 是 9 种算法中的总体最优算法，因为在共 75 项对比数据项中 MOEA/CD 在与其他 8 种算法对比中有 51 项取得最佳超体积结果，而在除去 2 个 MOEA/CD 变体算法 MOEA/CD-SBX 和 MOEA/CD-DE 外的 7 种算法中 MOEA/CD 有 55 个数据对比项取得最佳。后面将详细分析在每个测试问题上获得的实验结果。

表 3-6 各算法在 DTLZ1 测试例上取得的超体积结果
（最佳值、平均值、标准差）

测试例	m	MOEA/D	MOEA/D-DE	MOEA/D-ACD	MOEA/D-AGR	NSGA-III	MOEA/DD	MOEA/CD-SBX	MOEA/CD-DE	MOEA/CD
DTLZ1	3	0.841 16	0.835 71	0.834 32	0.837 22	0.841 46	0.841 53	0.841 60	0.722 49	0.841 71
		0.838 41	0.745 48	0.217 78	0.821 32	0.836 66	0.840 55	0.840 80	0.078 52	0.841 69
		0.003 17	0.211 60	0.357 53	0.012 23	0.004 30	0.000 89	0.000 75	0.212 75	0.000 02
	5	0.979 81	0.974 82	0.970 57	0.975 00	0.979 78	0.979 84	0.979 87	0.363 40	0.979 87
		0.979 70	0.973 34	0.176 55	0.972 81	0.979 46	0.979 76	0.979 85	0.035 84	0.979 87
		0.000 09	0.000 80	0.285 30	0.001 23	0.000 32	0.000 08	0.000 02	0.110 32	0.000 01
	8	0.996 80	0.995 25	0.996 52	0.996 36	0.997 42	0.997 26	0.997 57	0.793 34	0.997 59
		0.996 46	0.994 62	0.457 93	0.994 77	0.946 47	0.997 09	0.997 51	0.167 29	0.997 56
		0.000 25	0.000 39	0.488 15	0.000 52	0.031 14	0.000 12	0.000 06	0.245 18	0.000 03
	10	0.999 51	0.999 36	0.999 38	0.999 41	0.975 27	0.999 62	0.999 68	0.956 55	0.999 68
		0.999 43	0.999 26	0.989 61	0.999 30	0.952 24	0.999 58	0.999 68	0.127 02	0.999 68
		0.000 06	0.000 06	0.036 64	0.000 05	0.020 35	0.000 03	0.000 00	0.252 90	0.000 00
	15	0.997 62	0.999 34	0.992 27	0.999 51	0.976 11	0.999 11	0.999 92	0.753 36	0.999 92
		0.995 80	0.998 21	0.844 02	0.998 60	0.920 81	0.998 64	0.999 91	0.097 02	0.999 92
		0.001 48	0.000 62	0.296 69	0.000 60	0.038 51	0.000 35	0.000 01	0.240 68	0.000 00

表 3-7 各算法在 DTLZ2 测试例上取得的超体积结果
（最佳值、平均值、标准差）

测试例	m	MOEA/D	MOEA/D-DE	MOEA/D-ACD	MOEA/D-AGR	NSGA-III	MOEA/DD	MOEA/CD-SBX	MOEA/CD-DE	MOEA/CD
DTLZ2	3	0.559 31	0.506 73	0.511 67	0.513 83	0.558 94	0.559 47	0.009 57	0.554 89	**0.559 60**
		0.559 20	0.498 53	0.496 89	0.500 22	0.558 52	0.559 32	0.559 51	0.554 08	0.559 50
		0.000 08	0.006 25	0.009 03	0.009 86	0.000 46	0.000 08	0.000 05	0.000 43	**0.000 04**
	5	0.812 00	0.662 62	0.657 42	0.664 50	0.809 85	0.812 13	0.812 77	0.776 42	**0.812 93**
		0.811 88	0.632 84	0.629 66	0.634 57	0.809 19	0.812 03	0.812 62	0.770 81	**0.812 80**
		0.000 10	0.014 91	0.017 72	0.018 34	0.000 42	**0.000 08**	0.000 16	0.004 10	**0.000 08**
	8	0.923 62	0.689 76	0.649 29	0.701 31	0.919 74	0.923 30	0.924 01	0.666 49	**0.924 73**
		0.923 08	0.630 63	0.603 51	0.642 38	0.857 82	0.923 04	0.923 11	0.603 63	**0.924 10**
		0.000 22	0.028 71	0.027 06	0.026 74	0.099 52	**0.000 15**	0.000 54	0.028 93	0.000 20
	10	0.969 66	0.836 85	0.820 91	0.849 20	0.967 95	0.969 66	0.970 00	0.774 54	**0.970 06**
		0.969 61	0.805 63	0.775 12	0.822 84	0.833 07	0.969 62	0.969 79	0.719 31	**0.969 95**
		0.000 03	0.018 63	0.030 02	0.013 22	0.112 07	**0.000 02**	0.000 10	0.036 09	0.000 05
	15	0.990 51	0.930 65	0.675 08	0.927 70	0.806 09	0.990 52	0.990 46	0.570 05	**0.990 60**
		0.990 46	0.891 27	0.519 77	0.869 60	0.685 60	0.990 49	0.990 28	0.490 19	0.990 39
		0.000 03	0.027 39	0.062 62	0.044 68	0.058 67	**0.000 01**	0.000 11	0.046 30	0.000 13

表 3-8 各算法在 DTLZ3 测试例上取得的超体积结果
（最佳值、平均值、标准差）

测试例	m	MOEA/D	MOEA/D-DE	MOEA/D-ACD	MOEA/D-AGR	NSGA-III	MOEA/DD	MOEA/CD-SBX	MOEA/CD-DE	MOEA/CD
DTLZ3	3	0.558 65	0.521 74	0.525 81	0.519 52	0.559 60	0.558 91	0.559 18	0.548 05	**0.559 62**
		0.553 84	0.435 05	0.100 44	0.479 09	0.553 73	0.553 99	0.557 03	0.097 15	**0.559 60**
		0.003 95	0.150 80	0.192 23	0.028 37	0.002 40	0.004 35	0.001 73	0.187 64	**0.000 03**
	5	0.811 65	0.724 17	0.399 76	0.728 71	0.811 47	0.812 44	0.812 79	0.091 90	**0.813 03**
		0.809 48	0.570 44	0.053 90	0.570 47	0.804 45	0.811 35	0.812 14	0.013 18	**0.812 78**
		0.001 76	0.197 50	0.107 45	0.190 44	0.011 87	0.000 86	0.000 57	0.032 20	**0.000 09**
	8	**0.924 64**	0.711 09	0.851 09	0.799 67	0.920 55	0.923 45	0.924 04	0.107 84	0.920 88
		0.741 18	0.625 28	0.240 15	0.546 19	0.722 10	**0.920 66**	0.887 02	0.012 63	0.871 25
		0.303 70	0.061 88	0.328 56	0.243 72	0.113 54	**0.002 50**	0.048 18	0.031 56	0.114 82
	10	**0.970 21**	0.861 82	0.873 72	0.854 22	0.967 96	0.969 68	0.969 81	0.074 81	0.969 84
		0.969 42	0.828 81	0.455 97	0.815 40	0.776 44	0.969 44	0.969 31	0.014 02	0.969 32
		0.000 77	0.022 26	0.357 80	0.020 24	0.059 45	**0.000 28**	0.000 57	0.028 84	0.000 41
	15	0.990 36	0.966 25	0.832 13	0.956 57	0.797 62	0.990 52	0.990 67	0.003 69	0.990 62
		0.554 61	0.925 16	0.220 94	0.915 05	0.663 61	**0.990 21**	0.937 93	0.000 18	0.917 21
		0.443 16	0.019 65	0.302 23	0.029 37	0.076 99	**0.000 26**	0.220 89	0.000 83	0.209 86

表 3-9 各算法在 DTLZ4 测试例上取得的超体积结果
（最佳值、平均值、标准差）

测试例	m	MOEA/D	MOEA/D-DE	MOEA/D-ACD	MOEA/D-AGR	NSGA-III	MOEA/DD	MOEA/CD-SBX	MOEA/CD-DE	MOEA/CD
DTLZ4	3	0.559 62	0.540 29	0.530 95	0.534 64	0.559 58	0.559 62	0.559 63	0.557 67	0.559 63
		0.400 41	0.513 01	0.513 83	0.520 15	0.491 77	0.559 61	0.559 62	0.557 07	0.009 62
		0.186 02	0.016 68	0.015 38	0.006 88	0.130 44	0.000 01	0.000 01	0.000 50	0.000 01
	5	0.812 64	0.781 59	0.741 07	0.784 95	0.812 59	0.812 64	0.812 67	0.800 00	0.812 68
		0.730 05	0.760 33	0.711 80	0.760 48	0.812 38	0.812 64	0.812 66	0.796 38	0.812 67
		0.061 68	0.010 60	0.013 26	0.011 79	0.000 13	0.000 00	0.000 01	0.023 90	0.000 01
	8	0.924 12	0.898 34	0.802 14	0.908 66	0.923 96	0.924 08	0.924 08	0.901 34	0.924 09
		0.856 02	0.891 75	0.756 01	0.869 09	0.923 82	0.924 07	0.924 08	0.887 92	0.924 08
		0.054 14	0.005 00	0.024 74	0.003 78	0.000 11	0.000 01	0.000 00	0.006 05	0.000 01
	10	0.969 90	0.957 89	0.918 94	0.959 70	0.969 85	0.969 90	0.969 93	0.963 10	0.969 94
		0.923 83	0.954 83	0.902 16	0.956 96	0.969 79	0.969 89	0.969 92	0.960 40	0.969 93
		0.034 09	0.001 70	0.010 08	0.001 04	0.000 04	0.000 01	0.000 01	0.001 55	0.000 01
	15	0.986 55	0.989 18	0.988 99	0.990 11	0.990 74	0.990 76	0.990 61	0.989 69	0.990 60
		0.941 63	0.988 10	0.988 15	0.989 06	0.990 52	0.990 74	0.990 58	0.988 93	0.990 57
		0.027 28	0.000 60	0.000 66	0.000 78	0.000 85	0.000 01	0.000 01	0.000 52	0.000 02

表 3-10 各算法在 Convex DTLZ2 测试例上取得的超体积结果
（最佳值、平均值、标准差）

测试例	m	MOEA/D	MOEA/D-DE	MOEA/D-ACD	MOEA/D-AGR	NSGA-III	MOEA/DD	MOEA/CD-SBX	MOEA/CD-DE	MOEA/CD
Convex DTLZ2	3	0.957 43	0.954 83	0.954 73	0.955 00	0.958 72	0.958 36	0.957 82	0.955 94	0.957 86
		0.955 64	0.952 71	0.952 90	0.953 50	0.958 07	0.956 41	0.957 71	0.955 49	0.957 73
		0.001 14	0.001 25	0.001 30	0.000 78	0.000 40	0.001 19	0.000 08	0.000 33	0.000 08
	5	0.992 77	0.995 96	0.996 21	0.995 76	0.999 42	0.995 14	0.999 29	0.999 08	0.999 29
		0.990 35	0.994 72	0.994 60	0.994 42	0.999 39	0.992 49	0.999 29	0.999 03	0.999 29
		0.001 20	0.000 77	0.001 01	0.001 23	0.000 02	0.001 20	0.000 00	0.000 03	0.000 00
	8	0.976 60	0.985 74	0.988 87	0.987 48	0.999 99	0.980 51	0.999 99	0.999 94	0.999 99
		0.973 53	0.981 08	0.985 81	0.982 62	0.999 59	0.976 59	0.999 99	0.999 88	0.999 99
		0.001 06	0.002 50	0.002 05	0.002 13	0.000 45	0.002 34	0.000 00	0.000 06	0.000 00
	10	0.970 55	0.984 36	0.993 13	0.985 56	0.999 99	0.975 83	0.999 99	0.999 99	0.999 99
		0.969 69	0.981 80	0.989 69	0.982 67	0.999 87	0.972 05	0.999 99	0.999 99	0.999 99
		0.000 41	0.001 33	0.001 74	0.001 34	0.000 22	0.001 60	0.000 00	0.000 00	0.000 00
	15	0.959 73	0.965 67	0.995 49	0.965 59	0.999 99	0.981 94	0.999 99	0.999 99	0.999 99
		0.958 92	0.964 48	0.990 12	0.964 48	0.998 47	0.975 99	0.999 99	0.999 96	0.999 99
		0.000 36	0.000 61	0.002 34	0.000 60	0.002 06	0.002 04	0.000 00	0.000 02	0.000 00

首先对比使用不同交叉算子的 MOEA/CD 及其变体算法。明显地,在表 3-6～表 3-10 中在较多测试例的对比数据项中 MOEA/CD 取得最佳,而 MOEA/CD-SBX 获得次优,且两者的超体积数据均较为接近。而对于使用 DE 算子的 MOEA/CD-DE 在大多数的 DTLZ 测试例上均未能取得较好的结果,而且出现较大的波动,即标准差较大。结合上节中 MOP 系列测试例上的结果分析,DE 算子在处理像 MOP 系列测试例这样较为复杂且目标维度较低的测试例上表现较佳,主要是该测试例需要较好的全局搜索能力,而在处理 DTLZ 系列测试例,尤其是较为高维时,由于种群规模有限,相对全局搜索能力,局部搜索的能力也很重要。所以 SBX 算子在高维多目标 DTLZ 测试例上表现较好,所以 MOEA/CD 由于使用了混合 SBX 算子和 DE 算子的动态选择机制,在处理复杂优化问题及高维目标优化问题上能够较好地衡量全局搜索与局部优化,取得较好的结果。

接下来主要将 MOEA/CD 算法与其他 6 种算法进行对比分析。对于 DTLZ1 测试例,它的帕累托前沿是一个线性的超平面 $\sum_{i=1}^{m} f_i(x^*) = 0.5$,但是优化过程中会有局部最优的情况,从而影响算法向真实帕累托前沿收敛。从实验结果可以看出,在将 MOEA/CD 与除 MOEA/CD-SBX 和 MOEA/CD-DE 这两种 MOEA/CD 变体算法之外的其他 6 种算法进行比较的情况下 (下同),处理 DTLZ1 测试问题时,MOEA/CD 在全部 15 个数据对比项上均取得比其他 6 种算法更好的超体积相关数据值。图 3-7 是 15 目标 DTLZ1 测试例上各算法获得的前沿的平行坐标图。平行坐标图是对于具有多个属性问题的一种可视化方法,这里前沿的一个解在平行坐标图中用一种颜色的折线表示,横轴代表目标序号,纵轴代表对应目标的目标值。在平行坐标图中,不同颜色的折线表示不同的解,这样可以方便地通过折线的分布宽度来直观地观察所获前沿的覆盖范围。从图中可以看出,MOEA/D、MOEA/D-AGR、MOEA/DD 和 MOEA/CD 均能取得收敛和分布均较好的前沿,MOEA/D-DE、MOEA/D-ACD 和 NSGA-III 获得的非劣前沿多样性并不是很理想,从表 3-6 中对应数据也可以看出,这几种算法的相关超体积数据项相对其他算法稍微逊色。特别地,MOEA/CD 在所有维度的 DTLZ1 测试问题上的超体积标准差均是最小的,这说明了 MOEA/CD 相较于其他 6 种算法是最稳定的。

对于 DTLZ2 测试例,它的帕累托前沿是 $\sum_{i=1}^{m} f_i^2(x^*) = 1$,这是一个较简单的

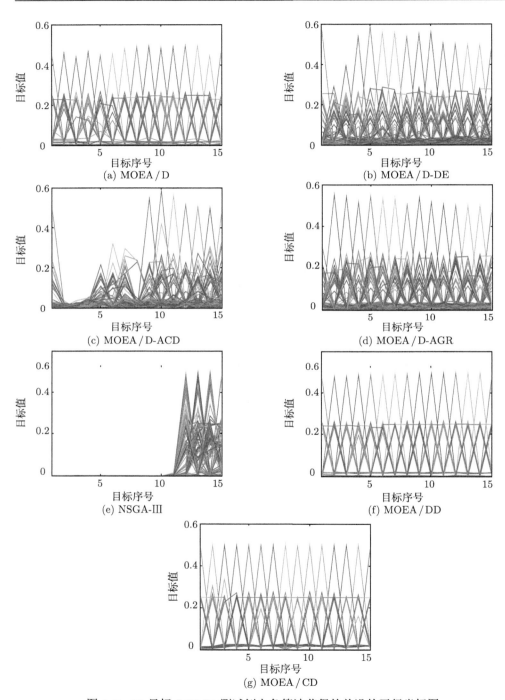

图 3-7 15 目标 DTLZ1 测试例上各算法获得的前沿的平行坐标图

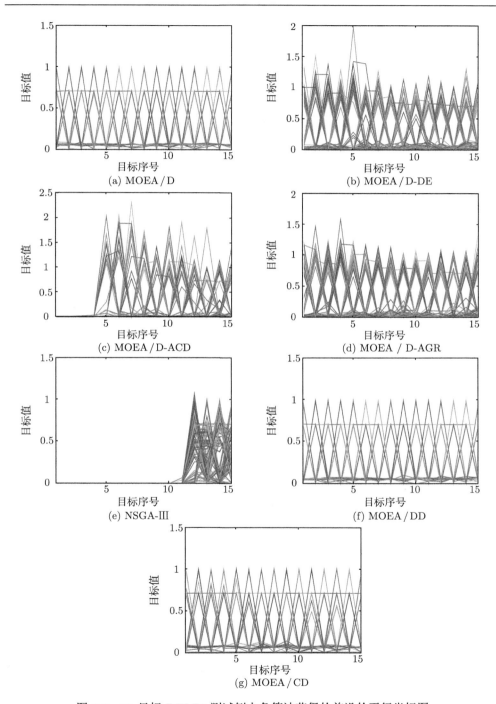

图 3-8 15 目标 DTLZ2 测试例上各算法获得的前沿的平行坐标图

测试例。从表 3-7 中数据明显可以看出单独使用 DE 算子的 3 种算法 MOEA/D-DE、MOEA/D-ACD 和 MOEA/D-AGR 取得的超体积相关数据项基本都比其他算法差。图 3-8 是 15 目标 DTLZ2 测试例上各算法获得的前沿的平行坐标图。从 MOEA/D-DE(图 3-8b)、MOEA/D-ACD (图 3-8c) 和 MOEA/D-AGR(图 3-8d) 的前沿平行坐标图可以看出，三者的非劣前沿上的点均存在一部分点的某个坐标值大于 1，而 DTLZ2 的真实前沿上点各个坐标值均是小于等于 1 的，所以可以看出，这 3 种算法超体积数值较差主要是因为算法在收敛性上不足。另外 NSGA-III在 8 目标、10 目标和 15 目标的 DTLZ2 测试例上表现得不稳定，其对应的超体积标准差均较大。剩余的 3 种算法 MOEA/D、MOEA/DD 和 MOEA/CD 均取得较为接近的结果，其中 MOEA/CD 稍微优于前两种算法，主要是因为在 15 个数据对比项中 MOEA/CD 在 11 项上取得最佳。

对于 DTLZ3 测试例，其帕累托前沿和 DTLZ2 的前沿一致，但是对于 DTLZ3，在算法搜索过程中会出现局部最优，这为测试例设置了障碍以测试算法突破局部最优的能力。从表 3-8 中数据可知，对于 MOEA/D 的 3 种变体算法和 NSGA-III算法的结果分析与 DTLZ2 测试例类似，这几种算法在处理 DTLZ3 测试问题时存在较大不稳定性，图 3-9 中展示的 15 目标 DTLZ3 测试例上各算法获得的前沿的平行坐标图也证明了这一点。而 MOEA/D 在处理 DTLZ3 测试例时，能够取得较好超体积结果，有两项最佳超体积数据在 7 种算法中是最佳的，但存在陷入局部最优的可能性，如 8 目标和 15 目标的 DTLZ3 问题，超体积的标准差较大。MOEA/DD 和 MOEA/CD 两者在处理 DTLZ3 问题时均能较好地突破局部最优，有较为接近的解集质量。在 15 个数据对比项中，MOEA/DD 在 6 项上取得最优，MOEA/CD 在 7 项上取得最优。

DTLZ4 测试例和 DTLZ2 测试例有相同的帕累托前沿，但是这个问题在前沿上有不同的密度分布，以达到测试算法在全局多样性上的能力。从表 3-9 中的实验数据来看，MOEA/CD 在 15 项对比数据项中有 10 项取得最优，所以 MOEA/CD 在求解 DTLZ4 问题上在所有对比算法中是最好的。另外，MOEA/DD 的超体积相关数据与 MOEA/CD 相近，且也有 4 个数据对比项稍微优于 MOEA/CD，MOEA/DD 也能够得到与 MOEA/CD 相似的解集质量。MOEA/D 在处理 DTLZ4 问题时，由于容易陷入局部最优，并不能得到分布较好的解集，如图 3-10a 所示，平行坐标图上坐标值分布不均匀；而其 3 种变体算法 MOEA/D-DE、MOEA/D-ACD 和

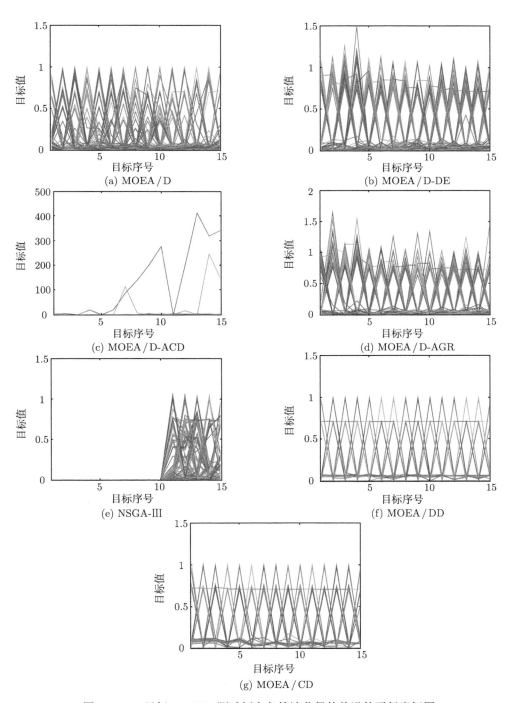

图 3-9 15 目标 DTLZ3 测试例上各算法获得的前沿的平行坐标图

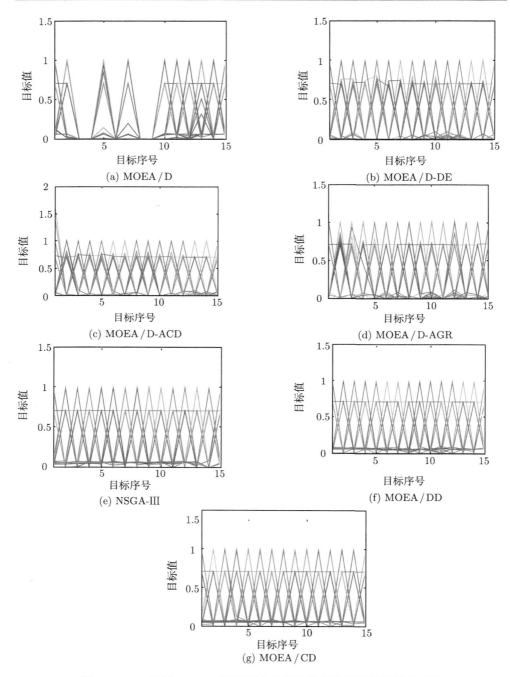

图 3-10　15 目标 DTLZ4 测试例上各算法获得的前沿的平行坐标图

MOEA/D-AGR 由于增加了相应多样性处理操作,在维护种群多样性上取得较好的效果,也在解集质量上明显优于 MOEA/D 取得的解集质量,图 3-10b、图 3-10c 和图 3-10d 显示的平行坐标图也证明了这 3 种变体算法在多样性维护上优于 MOEA/D。但从表 3-9 中 DTLZ4 测试例的相关数据中明显看出即使这 3 种 MOEA/D 变体算法优于 MOEA/D,但是由于使用了 DE 算子,其解集质量并没有达到 MOEA/DD 和 MOEA/CD 的水平。所以在处理 DTLZ4 这种存在分布不均的测试例上,MOEA/CD 依然能够取得最好的解集质量。

Convex DTLZ2 测试例是对测试例 DTLZ2 的一个简单修改,主要是对其目标向量进行以下转化:$f_i = f_i^4$, $i = 1, 2, \cdots, m-1$, $f_m = f_m^2$,最终获得的前沿转变为:$f_m(x^*) + \sum_{i=1}^{m-1} \sqrt{f_i(x^*)} = 1$。通过这样转化后,Convex DTLZ2 的前沿变为凸型前沿,这一变体测试例完善 DTLZ 系列测试例对进化算法能力的测试范围。表 3-10 中展示的在 Convex DTLZ2 上的超体积结果表明除了 NSGA-III 外,MOEA/CD 在大多数测试问题上优于其他对比算法,而 NSGA-III 也是拥有较为近的解集质量。图 3-11 是 15 目标 Convex DTLZ2 测试例上各算法获得的前沿的平行坐标图。从这几张图中,可以明显看出,NSGA-III 和 MOEA/CD 两者都能够获得分布较广的帕累托前沿,最大的坐标值能够达到接近 1,但是 MOEA/CD 相对 NSGA-III 而言更加稳定,这可从表 4-5 中 Convex DTLZ2 的超体积标准差数据也可以看出,MOEA/CD 的对应标准差是最小的。

总之,从以上实验结果分析可以看出 MOEA/CD 在处理高维多目标优化问题时,在大多数测试例上优于其他对比算法。另外在所有对比算法中 MOEA/CD 能够取得较为接近的解集质量。

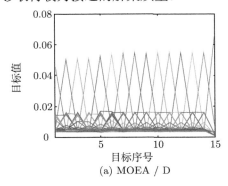

(a) MOEA / D

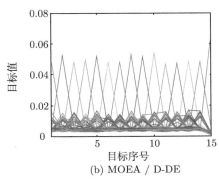

(b) MOEA / D-DE

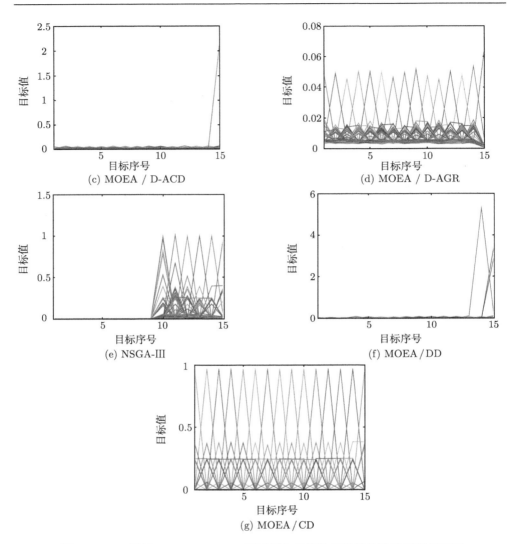

图 3-11　15 目标 Convex DTLZ2 测试例上各算法获得的前沿的平行坐标图

3.6.3　算法运行效率分析

为了验证 MOEA/CD 的运行效率，在实验中对各个算法求解每个测试例时消耗的平均时间进行了统计，如图 3-12 和图 3-13 所示。从这些图可以明显地看出，MOEA/CD 能够和 MOEA/D、MOEA/D-DE 拥有相近的运行效率，而 MOEA/CD 的运行效率明显优于其他对比算法。

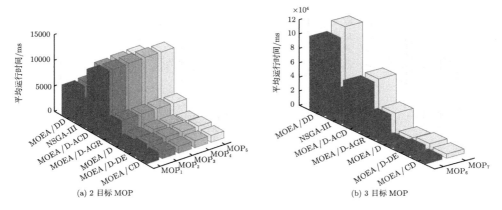

图 3-12 MOP 系列测试例上不同算法消耗的平均时间

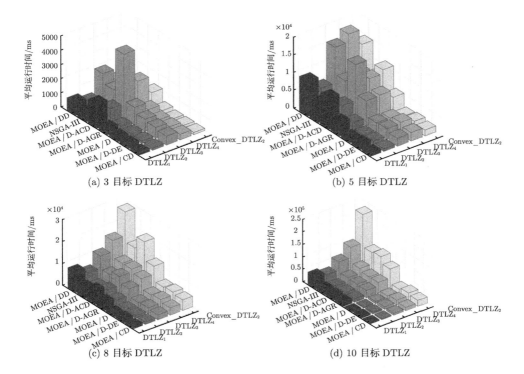

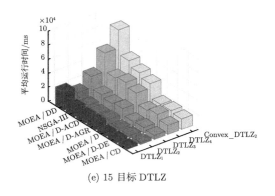

(e) 15 目标 DTLZ

图 3-13 DTLZ 系列测试例上不同算法消耗的平均时间

第 4 章 锥形分解高维多目标进化算法的扩展处理机制

为了使第 3 章描述的 MOEA/CD 能够更好地处理一些特殊多目标优化问题，本章进一步分别在尺度标准化处理、不规则前沿处理这两个方向介绍 MOEA/CD 的相应拓展处理机制，并分别在标准测试例上对扩展后的算法进行有效性测试，实验表明扩展后的 MOEA/CD 相关算法能够较好地处理尺度差异问题，以及存在不规则前沿的优化问题，为应用到更加复杂的实际工程问题提供了基础。

4.1 尺度标准化处理

对于多目标优化问题或高维多目标优化问题，存在一类尺度差异问题，即其各个目标存在着差异巨大的取值范围，即便分解型算法的参考方向向量是均匀采样的，但往往导致算法得到的帕累托前沿解分布不均。为了处理这一类目标存在尺度差异的优化问题，在本节中将介绍 MOEA/CD 的一个尺度标准化处理机制。

4.1.1 尺度标准化处理机制

本书中 MOEA/CD 扩展算法的尺度标准化方法与文献 [35] 中使用的自适应标准化方法相类似，本书将采用尺度标准化处理机制的 MOEA/CD 扩展算法记为 MOEA/CD-N。首先，将当前种群中每个个体的目标向量通过减去理想点得到平移转换后的向量 $\boldsymbol{F}'(\boldsymbol{x}) = \boldsymbol{F}(\boldsymbol{x}) - \boldsymbol{z}^{\text{ide}}$，通过这一处理后理想点 $\boldsymbol{z}^{\text{ide}}$ 变成该坐标体系中的原点。接着，通过使用公式 (4-1) 中的成绩标量函数 (Achievement Scalarizing Function，ASF)[35] 方法找出 m 个极端点 $\boldsymbol{z}^{\{i,ext\}}, i \in [1, \cdots, m]$。公式 (4-1) 中，$\boldsymbol{\lambda}^{\{i,ext\}}$ 是第 i 个目标对应的参考方向向量，并且当 $j \neq i$ 时 $\lambda_j^{\{i,ext\}} = 1\mathrm{e}-6$，当 $j == i$ 时 $\lambda_j^{\{i,ext\}} = 1$。

$$\boldsymbol{z}^{\{i,ext\}} = \boldsymbol{F}'(\arg\min_{\boldsymbol{x} \in P} \mathrm{ASF}(\boldsymbol{x}, \boldsymbol{\lambda}^{\{i,ext\}})) \tag{4-1}$$

$$\mathrm{ASF}(\boldsymbol{x}, \boldsymbol{\lambda}^{\{i,ext\}}) = \max_{j \in [1,\cdots,m]} \left\{ \frac{f'_j(\boldsymbol{x})}{\lambda_j^{\{i,ext\}}} \right\} \tag{4-2}$$

然后，这 m 个极端点被用于构建一个超平面，然后能够借助构建好的超平面计算出第 i 个坐标轴的截距 a_i。图 4-1 为 3 维目标空间中的尺度标准化处理过程示意图。最后，在尺度标准化处理中，需要为每个维度设定一个限制量 $z_i^{\text{lim}} = a_i + z_i^{\text{ide}}$，这也是本节中 MOEA/CD-N 采用的尺度标准化处理方法与文献 [35] 中提到的方法的不同点，通过这样处理可以适应理想点的更新。通过上述尺度标准化处理方法，每个个体 $\boldsymbol{x}$ 的每一个目标值 $f_i(\boldsymbol{x})$ 将会先通过公式 (4-3) 进行标准化处理再进行其他算法操作。另外，当极端点不足以构建超平面或构造的超平面得到的截距中存在负值时，将会使用当前种群的天底点 $\boldsymbol{z}^{\text{nad}}$，即种群中个体在每个目标维度上的最大值，来替换标准化方法中的限制量，即 $z_i^{\text{lim}} = z_i^{\text{nad}}$。

$$\bar{f}_i(\boldsymbol{x}) = \frac{f_i(\boldsymbol{x}) - z_i^{\text{ide}}}{z_i^{\text{lim}} - z_i^{\text{ide}}}, i = 1, 2, \cdots, m. \tag{4-3}$$

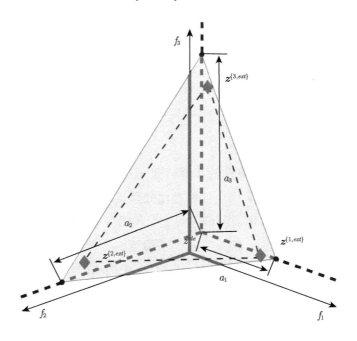

图 4-1　3 维目标空间中尺度标准化处理过程示意图

4.1.2 实验测试与结果分析

为了测试扩展算法 MOEA/CD-N 的性能,本节选择了有目标尺度差异的 DTLZ 测试例进行实验。这个系列的测试例主要是对原始测试问题通过对每个维度的目标值 f_i 乘上一个尺度 p^{i-1},这里 p 被称为尺度量级化因子。本节实验中对不同维度的测试问题的尺度量级化因子设置如下:对目标数分别为 $m=\{3,5,8,10,15\}$ 的尺度量级化 DTLZ 系列测试问题,对应的尺度量级化因子分别设置为 $p=\{10,10,3,3,2\}$。

由于第 3 章中的实验结果表明 MOEA/DD 算法在处理高维目标优化问题时能够取得总体仅次于 MOEA/CD 的解集质量,所以在本章的实验中主要是与 MOEA/DD 进行性能对比。由于 MOEA/DD 在其原始论文 [19] 中并没有提供尺度标准化处理方法,所以在本节实验中对 MOEA/DD 选择 MOEA/D[28] 中所提供的标准化过程进行尺度标准化处理,扩展后的 MOEA/DD 记为 MOEA/DD-N。MOEA/DD-N 的这一标准化过程主要是利用当前种群中的天底点 z^{nad} 来标准化每一个体,标准化的方法与公式 (4-3) 相似,只是将该公式中的 $z_i^{\lim}$ 替换为 z_i^{nad}。

本节实验中选择了在 3、5、8、10、15 目标上有尺度差异的 SDTLZ1、SDTLZ2 和 SDTLZ4 三类测试例进行 MOEA/CD-N 算法的尺度差异处理性能的实验评估。性能评估指标与第 3 章保持一致,采用超体积作为唯一的评估指标,同时获得的前沿也是先通过真实理想点和真实天底点先进行标准化处理,然后以 $(1.1,1.1,\cdots,1.1)^{\text{T}}$ 作为参考点进行超体积的计算。各个对比算法在有尺度差异的 DTLZ 系列测试例上得到的超体积结果如表 4-1 所示,对于每一个具体的数据项,在所有算法中如果是最佳的就以深灰色为底进行标记,而次优的只用浅灰色为底进行标记。图 4-2 中展示了在 3 目标 SDTLZ1 测试例上获得的超体积值为中位数的帕累托前沿图。

从表 4-1 中的超体积数据可以明显的看出,带标准化处理过程的算法 MOEA/DD-N 和 MOEA/CD-N 在处理带尺度差异目标的测试例中能够取得明显较好的解集质量,并且这两种算法 MOEA/DD-N 和 MOEA/CD-N 在处理带尺度差异目标的测试例时能够取得较为相近的性能。总体来看,MOEA/CD-N 算法稍微优于 MOEA/DD-N 算法,主要是因为在 45 个超体积数据对比项中,MOEA/CD-N 有 35 项取得最优。所以尺度标准化处理机制的采用使得 MOEA/CD-N 算法能够较好地处理带尺度差异目标的高维目标优化问题。

表 4-1　各个对比算法在有尺度差异的 DTLZ 系列测试例上得到的超体积结果（最佳值、平均值、标准差）

测试例	目标数 m	MOEA/DD-N	MOEA/CD	MOEA/CD-N
SDTLZ1	3	0.841 19	0.705 86	0.841 69
		0.839 85	0.683 24	0.841 55
		0.001 04	0.017 99	0.000 21
	5	0.979 78	0.801 75	0.979 76
		0.979 45	0.757 5	0.978 33
		0.000 3	0.024 44	0.003 17
	8	0.996 30	0.960 42	0.997 59
		0.942 56	0.941 15	0.995 95
		0.180 15	0.012 25	0.004 19
	10	0.999 61	0.979 52	0.999 71
		0.998 44	0.964 08	0.999 69
		0.001 61	0.010 41	0.000 01
	15	0.997 22	0.997 53	0.999 93
		0.816 76	0.993 79	0.998 71
		0.157 93	0.002 88	0.003 27
SDTLZ2	3	0.559 40	0.422 20	0.559 59
		0.559 29	0.418 16	0.559 51
		0.000 06	0.001 69	0.000 03
	5	0.812 12	0.490 46	0.812 93
		0.811 99	0.426 46	0.812 73
		0.000 09	0.026 6	0.000 11
	8	0.923 19	0.744 25	0.924 61
		0.922 95	0.682 03	0.924 05
		0.000 13	0.030 56	0.000 27
	10	0.969 51	0.785 16	0.970 07
		0.969 45	0.734 5	0.969 82
		0.000 03	0.029 91	0.000 09
	15	0.990 57	0.906 56	0.990 68
		0.990 55	0.866 33	0.990 43
		0.000 02	0.035 87	0.000 13

续表

测试例	目标数 m	MOEA/DD-N	MOEA/CD	MOEA/CD-N
SDTLZ4	3	0.559 62	0.420 68	0.559 63
		0.559 61	0.419 48	0.559 62
		0.000 01	0.000 91	0.000 00
	5	0.812 64	0.510 58	0.812 68
		0.812 64	0.503 21	0.812 66
		0.000 00	0.004 27	0.000 01
	8	0.924 08	0.764 88	0.924 08
		0.924 07	0.760 17	0.924 08
		0.000 01	0.002 76	0.000 01
	10	0.969 55	0.824 64	0.969 74
		0.969 54	0.818 25	0.969 73
		0.000 01	0.005 16	0.000 00
	15	0.990 57	0.903 82	0.990 59
		0.990 12	0.901 30	0.990 57
		0.001 36	0.002 11	0.000 01

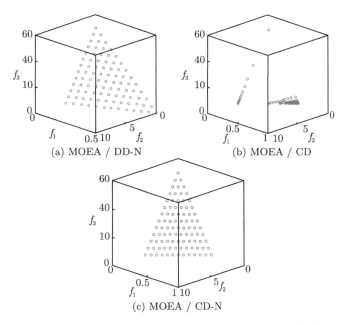

图 4-2 在 3 目标 SDTLZ1 测试例上获得的超体积值为中位数的帕累托前沿图

4.2 不规则前沿的扩展处理

在之前章节中介绍的标准测试例中，大多数的标准测试例的真实帕累托前沿都是比较规则的，MOEA/CD 中由均匀分布参考方向向量划分锥形子区域一般都能在前沿上找到相应的区域并搜索该子区域中的最优点。但是在实际工程中，往往存在优化问题最终的前沿都是不规则的，前沿存在断裂现象或有不规则边界，如图 4-3a 和 4-3b 所示，这导致划分后的锥形子区域中可能并不存在非劣解，所以通过 MOEA/CD 中固定的锥形子区域划分方法计算得到的非劣解集的规模往往会少于种群数。如图 4-3a 所示，DTLZ7 测试例拥有断裂型的前沿。在种群规模为 91 时，利用 MOEA/CD 算法求解 3 目标 DTLZ7 测试例得到的前沿中只有 28 个个体，少于种群规模，如图 4-3c 所示。为了更好地求解存在不规则前沿的优化问题，

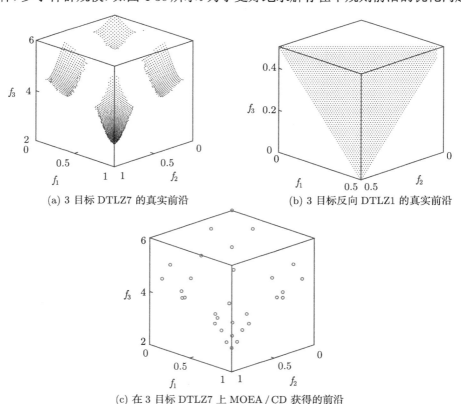

(a) 3 目标 DTLZ7 的真实前沿

(b) 3 目标反向 DTLZ1 的真实前沿

(c) 在 3 目标 DTLZ7 上 MOEA/CD 获得的前沿

图 4-3　不规则前沿测试问题示例

本节进一步介绍 MOEA/CD 的一种方向向量自适应调整机制，通过自适应调整参考方向向量，实现增加可行域的参考方向向量的数量，调整分布密度与锥形子区域划分，从而提高最终得到的前沿所包含的解数量。

4.2.1 方向向量自适应调整机制

MOEA/CD 的方向向量自适应调整机制主要根据当前种群个体在目标空间中分布情况对参考方向向量进行调整，调整的步骤分为两步：① 自适应扩充参考方向向量，调整方向向量分布情况；② 删除多余的个体及参考方向向量，控制种群规模。

第一步，根据当前种群分布情况自适应扩充参考方向向量。对当前种群中的每个个体根据锥形分解策略计算其理想的关联参考方向向量。如果某个参考方向向量 λ 存在多个个体同时关联，假设共同关联的个体数为 s，则会对该参考方向向量进行参考方向向量自适应扩充操作，扩充的方向向量的集合 Λ 定义如公式 (4-4)。

$$\Lambda = \{\lambda^{[k,l]} | k, l \in [1, \cdots, m] \wedge k \neq l\} \tag{4-4}$$

$$a = \frac{d_0}{2\sqrt{2}} \tag{4-5}$$

$$p = \left[\frac{s}{m}\right] \tag{4-6}$$

其中 $\lambda_i^{[k,l]} = \lambda_i$，$\forall i \in [1, \cdots, m] \backslash \{k, l\}$。

通过这个参考方向向量自适应扩充操作，新增的方向向量与被扩展的原方向向量 λ 之间只存在两个坐标位 k 和 l 对应的坐标值相异，其他坐标位保持不变，以此实现从方向向量 λ 的多个方向上扩充方向向量，最多总共有 C_m^2 个不同方向。如图 4-4a 所示，从 λ 到 B_i 的各个方向就是新增方向向量的扩充方向，$i = 1, 2, \cdots, 6$。另外根据同时关联于 λ 的个体数，动态调整新增方向向量的扩充粒度，即通过公式 (4-6) 决定扩充粒度，再由这个扩充粒度根据公式 (4-5) 来决定从 λ 向外扩展的单位距离。图 4-4b 和图 4-4c 分别是扩充粒度 p 分别为 1 和 2 时的示意图。由这两幅图可知，当共同关联的个体数越多，扩充粒度 p 就越大，扩充的方向向量就越多，扩充的方向向量的分布就会越稠密。

第二步，将新扩充的方向向量和原有的方向向量合并，排除相同向量后，重建 K-D 树，对当前种群中个体与划分后的锥形子区域进行关联，多个个体关联同一

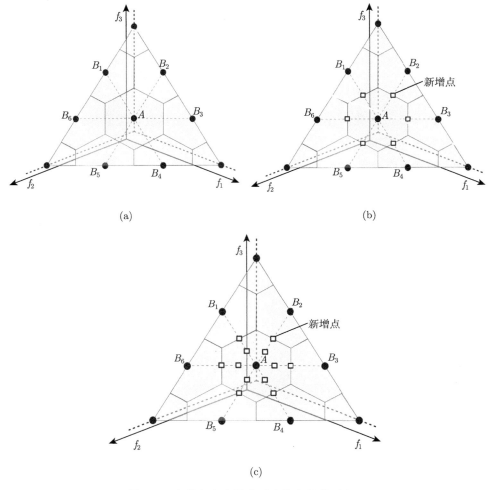

图 4-4 参考方向向量自适应扩充操作示意图

个方向向量时，按照公式 (3-7) 的个体选择规则，优者进入待选集合，劣者进入待弃集合。由于经过参考方向向量自适应扩充操作后，在进化过程中种群的规模不能保证一直维持和初始种群一致，而过大的种群会影响算法效率，所以此时需要对种群进行一次筛选，以保证种群规模。如果待选集合中规模小于初始种群规模，则从待弃集合中选择较优者保留；反之，如果待选集合大于初始种群规模，则从该待选集合中剔除较差个体。两个集合中的个体按照如下规则进行优劣排序：初始方向向量所关联的个体优于扩充的方向向量所关联的个体，方向向量最近距离小者优于方向向量最近距离大者。当完成种群规模规整后，对现在存在的方向向量进行删减操作,算法初始的方向向量必须保留,因为这些方向向量在维护多样性上起到重要作用;而对于所有扩充的方向向量,如果与规整后的种群仍未能建立关联关系,则会被删除。

经过以上一增一删处理后的参考方向向量集合,将用于重新构建 K-D 树,并重新计算邻居,然后可以进行下一阶段的进化操作。由于这个方向向量自适应调整机制较为复杂,是一个耗时操作,所以在算法中采用每隔 K 代进行一次自适应调整,在本章的实验中 $K=10$。

4.2.2 实验测试与结果分析

为了方向向量自适应调整机制的有效性,本节分别选择了 DTLZ7 和反向 DTLZ1 这两个带有不规则前沿的标准测试例。DTLZ7 是原始 DTLZ 系列测试例中的一个测试例,其前沿是断裂的,3 目标 DTLZ7 测试例的前沿如图 4-3a 所示。而反向 DTLZ1[84] 是 DTLZ1 的一个修改版,它对 DTLZ1 的目标函数进行了以下转换: $f_i(\boldsymbol{x}) = 0.5(1+g(\boldsymbol{x})) - f_i(\boldsymbol{x}), i \in [1,\cdots,m]$。因而反向 DTLZ1 的前沿是 DTLZ1 前沿的一个翻转,如图 4-3b 所示,这导致按照固定的均匀分布的方向向量划分得到的锥形子区域中会有一部分并不包含非劣解。在本节实验中的对比算法主要为 MOEA/DD、原始 MOEA/CD 及采用了前述方向向量自适应调整机制的 MOEA/CD 变体算法 MOEA/CD-D,并使用超体积作为性能评估指标,超体积指标的具体计算方法与第 3 章实验设置一致。最终在 DTLZ7 和反向 DTLZ1 测试问题上 3 种对比算法在 DTLZ7 和反向 DTLZ1 测试例上得到的超体积统计结果如表 4-2 所示。另外图 4-5 和图 4-6 分别展示了在 3 目标 DTLZ7 与 3 目标反向 DTLZ1 测试例上 3 种对比算法获得的超体积为中位数的前沿图。

如表 4-2 中数据显示,未采用方向向量自适应调整机制的两种算法 MOEA/DD 和 MOEA/CD 在 DTLZ7 和反向 DTLZ1 问题上取得的非劣解集质量非常接近,MOEA/CD 稍微优于 MOEA/DD。但是从图 4-5a 和图 4-5b 中可以看出在种群规模为 91 的情况下,求解 3 目标 DTLZ7 测试例时,MOEA/DD 获得的非劣前沿只包含 33 个非劣解,MOEA/CD 获得的非劣前沿只包含 31 个非劣解,都远小于种群规模。从图 4-6a 和图 4-6b 中也可看出在种群规模为 91 时,MOEA/DD 与 MOEA/CD 在 3 目标维反向 DTLZ1 测试例上都只获得了 28 个非劣解,明显少于种群规模。从表 4-2 中数据可以看出采用方向向量自适应调整机制的 MOEA/CD-D

能够取得更好的超体积值，其获得的解集也包含有更多的非劣个体，所以图 4-5c 和

表 4-2 3 种对比算法在 DTLZ7 和反向 DTLZ1 测试例上得到的超体积结果（最佳值、平均值、标准差）

测试例	目标数 m	MOEA/DD-N	MOEA/CD	MOEA/CD-N
DTLZ7	3	0.417 05	0.417 63	0.436 03
		0.415 28	0.415 67	0.433 77
		0.001 25	0.000 98	0.001 88
	5	0.288 27	0.302 37	0.410 99
		0.286 20	0.292 04	0.392 73
		0.001 68	0.004 12	0.010 13
	8	0.078 98	0.081 37	0.292 20
		0.029 20	0.010 12	0.280 68
		0.027 62	0.024 42	0.007 04
	10	0.190 04	0.807 32	0.845 23
		0.097 12	0.664 80	0.842 26
		0.025 33	0.103 32	0.002 20
	15	0.015 79	0.450 69	0.828 32
		0.006 31	0.117 83	0.824 91
		0.002 70	0.155 88	0.001 47
反向 DTLZ1	3	0.717 10	0.716 85	0.731 17
		0.680 36	0.715 66	0.728 00
		0.117 41	0.004 36	0.001 32
	5	0.291 26	0.277 92	0.363 20
		0.279 81	0.275 43	0.329 38
		0.004 87	0.000 88	0.025 41
	8	0.046 68	0.042 65	0.096 1
		0.034 30	0.037 06	0.077 94
		0.013 71	0.004 01	0.011 35
	10	0.012 85	0.013 77	0.036 18
		0.011 14	0.011 50	0.032 76
		0.002 74	0.001 58	0.002 08
	15	0.000 41	0.000 47	0.001 61
		0.000 23	0.000 31	0.000 56
		0.000 18	0.000 15	0.000 49

图 4-6c 中 MOEA/CD-D 获得的前沿包含的非劣解的数量明显变多了，更加接近种群规模。实验结果表明方向向量自适应调整机制对于处理不规则前沿测试问题取得了较好的效果。

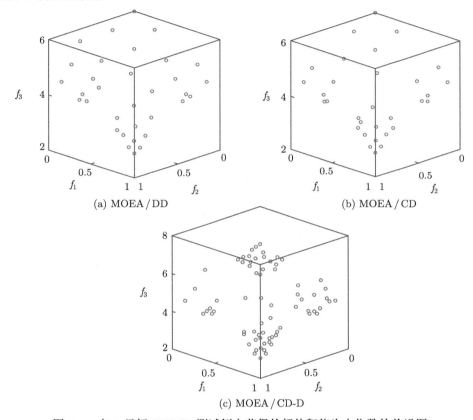

图 4-5 在 3 目标 DTLZ7 测试例上获得的超体积值为中位数的前沿图

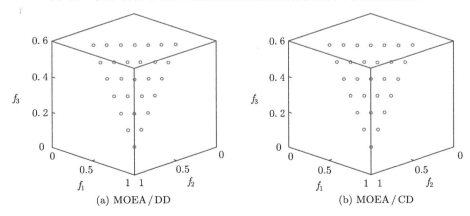

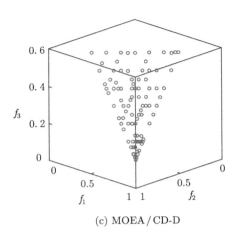

(c) MOEA/CD-D

图 4-6 在 3 目标反向 DTLZ1 测试例上获得的超体积值为中位数的前沿图

第5章 锥形分解高维多目标进化算法的工程应用

车辆正面耐撞性设计问题和汽车驾驶室设计问题是两个典型的无约束多目标优化问题，分别具有 3 个与 9 个优化目标。本章将首先介绍这两个工程问题的目标模型，然后将前述采用尺度标准化处理机制的锥形分解高维多目标进化算法 MOEA/CD-N 应用于这两个工程问题，通过对比算法所获得的超体积值和帕累托前沿，从而对 MOEA/CD-N 在实际工程问题上的应用效果进行验证。

5.1 在车辆正面耐撞性设计上的应用

5.1.1 车辆正面耐撞性设计问题的目标模型

汽车制造产业中，对汽车结构进行优化时除了要提升性能及节约成本外，还要关注安全，提升车辆的耐撞性是汽车结构优化中的一个重要标准。车辆正面耐撞性设计问题需要在车辆前部结构设计中考虑包括车辆自重、车辆撞击对乘客带来的损伤、车辆撞击的机械损伤等多种因素。研究者[85,86]使用了一种基于逐步回归模型的汽车碰撞安全性多目标优化设计方法，将 OLHS 技术、逐步回归、基于有限元分析的响应面法，以及多目标优化技术集成到一个分析过程中，最终完成车辆正面耐撞性优化设计。

在构建首先介绍车辆正面耐撞性设计问题的数学模型时，首先要确定其优化目标。车辆正面耐撞性设计问题选择汽车前端 5 个重要加固件的厚度作为优化问题的 5 个决策变量，即 t_1, t_2, t_3, t_4, t_5，如图 5-1a 所示。5 个决策变量的取值范围限定为 $1mm \leqslant t_i \leqslant 3mm$, $i = 1,2,3,4,5$。自然地，汽车自身的质量 (Mass) 作为车辆正面耐撞性设计问题的第一个优化目标。考虑安全性，汽车 100% 正面碰撞时对乘客的冲击力是最大的，如图 5-1b 所示。所以当考虑汽车碰撞对乘客造成生物性伤害时，将整车正面碰撞加速度变化积分值作为第二个优化目标。正面碰撞的加速度变化特征如图 5-1c 所示，所以第二个目标就是计算图中阴影部分的面积，即

$A_{in} = \int_{0.05}^{0.07} a dt$。当考虑车辆撞击的机械伤害时,正面偏置碰撞将会带来较大影响,如图 5-1d 所示,所以车辆正面耐撞性设计问题选取了脚踏板在 40% 正面偏置碰撞过程中的侵入量 (Instrusion) 作为第三个目标,如图 5-1e 所示。然后对上述 3 个优化目标运用逐步回归模型,通过均匀拉丁方实验设计方法选择 15 个设计点,进行有限元模拟仿真分析,可得到 3 个目标函数的代理模型。具体目标函数的数学表达式依次如公式 (5-1)~公式 (5-3) 所示。

$$\text{Mass} = 1640.2823 + 2.35732285 t_1 + 2.3220035 t_2 + 4.5688768 t_3 \\ + 7.7213633 t_4 + 4.45595045 \tag{5-1}$$

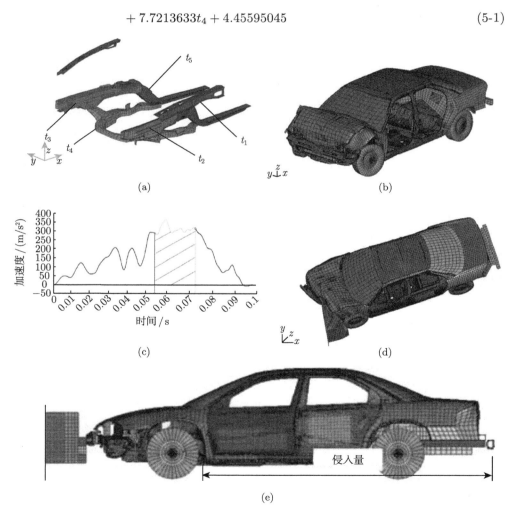

图 5-1 车辆耐撞性优化设计问题相关示意图

$$A_{in} = 6.5856 + 1.15t_1 - 1.0427t_2 + 0.9738t_3 + 0.8364t_4 - 0.3695t_1t_4$$
$$+ 0.0861t_1t_5 + 0.3628t_2t_4 - 0.1106t_1^2 - 0.3437t_3^2 + 0.1764t_4^2 \quad (5\text{-}2)$$

$$\text{Instrusion} = -0.551 + 0.0181t_1 + 0.1024t_2 + 0.0421t_3 - 0.0073t_1t_2 + 0.024t_2t_3$$
$$- 0.018t_2t_4 - 0.0204t_3t_4 - 0.008t_3t_5 - 0.0241t_2^2 + 0.0109t_4^2 \quad (5\text{-}3)$$

5.1.2 算法应用与分析

在得到车辆正面耐撞性设计问题的目标函数代理模型后,接下来就需要通过多目标优化技术优化该代理模型所表示的目标函数,求得优化设计方案。这也是本节的主要关注点,即通过已构造完成的代理模型,应用前述采用尺度标准化处理机制的锥形分解高维多目标进化算法 MOEA/CD-N,求解得到车辆正面耐撞性设计问题的较好的非劣候选解集,方便决策者从中挑选最终设计方案。本节在车辆正面耐撞性设计问题上进一步比较了 MOEA/CD-N 算法与 MOEA/D、MOEA/D-AGR、RVEA、NSGA-III、MOEA/DD 等算法的性能。对于除 NSGA-III 之外的所有算法,在求解 3 目标车辆正面耐撞性设计问题时,外内两层参考向量在每个维度的划分数量分别设置为 $H_1 = 16$ 与 $H_2 = 0$,使得种群规模为 $N = 153$。各算法的终止条件为最大运行代数 200 代,之后利用超体积指标对获得的前沿质量进行评估。对于该车辆正面耐撞性设计问题,本节实验设置其近似理想点和天底点分别为 (1 660.033 203, 5.912 670, 0.028 170) 和 (1 696.874 823, 10.975 530, 0.275 230),从而对实验中各算法计算得到的超体积结果进行标准化处理。

在本节实验中,每个算法在该车辆正面耐撞性设计问题上独立运行 30 次。各算法在车辆正面耐撞性设计问题上获得的超体积结果的最优值、中位值、最劣值如表 5-1 所示。表 5-1 将 6 种算法所得超体积值进行了排序,其中下标表示每个值的排位顺序,表现最好的算法用粗体表示。图 5-2 进一步呈现了各算法在车辆正面耐撞性设计问题上获得的超体积值为中位数的前沿图。

表 5-1 各算法在车辆正面耐撞性设计问题上获得的超体积结果(最优值、中位值、最劣值)

测试例	m	MOEA/D	MOEA/D-AGR	RVEA	NSGA-III	MOEA/DD	MOEA/CD-N
车辆正面耐撞性设计问题	3	0.671 38$_{(3)}$	0.634 26$_{(6)}$	0.666 50$_{(4)}$	0.697 13$_{(2)}$	0.647 03$_{(5)}$	**0.701 08**$_{(1)}$
		0.670 50$_{(3)}$	0.632 28$_{(6)}$	0.660 22$_{(4)}$	0.693 80$_{(2)}$	0.637 47$_{(5)}$	**0.698 62**$_{(1)}$
		0.595 57$_{(6)}$	0.630 29$_{(4)}$	0.650 38$_{(3)}$	0.687 90$_{(2)}$	0.625 12$_{(5)}$	**0.695 75**$_{(1)}$

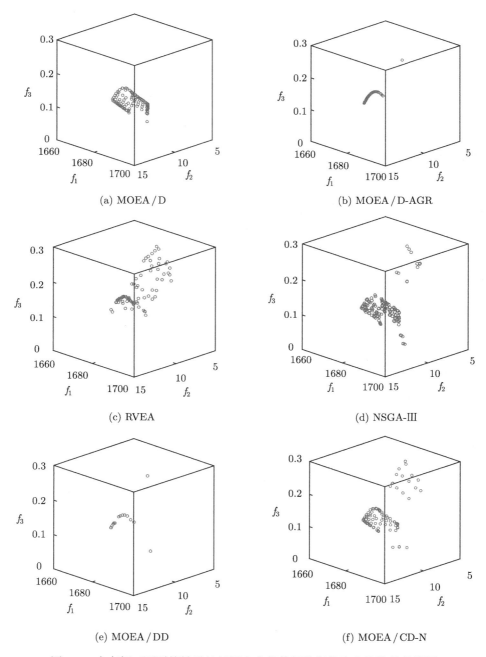

图 5-2 在车辆正面耐撞性设计问题上获得的超体积值为中位数的前沿图

从图 5-2 可以看出,在车辆正面耐撞性设计问题上,MOEA/CD-N 获得了分布最完整的前沿,NSGA-III次之,而 RVEA、NSGA-III、MOEA/D, MOEA/D-AGR 和 MOEA/DD 获得的前沿都只覆盖了真实前沿的一部分。如表 5-1 的超体积值所示,MOEA/CD-N 在超体积值的最优值、中位值、最劣值上都取得了最好的结果。因而在车辆正面耐撞性设计问题上,MOEA/CD-N 在 6 种算法中取得了最好的求解性能。

5.2 在汽车驾驶室设计上的应用

5.2.1 汽车驾驶室设计问题的目标模型

汽车驾驶室设计问题[35,87]是一个具有 11 个决策变量的 9 个目标的无约束多目标优化问题,决策变量包括车身尺寸和固有频率的界限等,而 9 个目标包括车的空间、油耗、加速时间和不同车速下的道路噪声等。具体而言,9 个目标的数学表达式如公式 (5-4)~公式 (5-12) 所示。

$$f_1 = -(20.793879 + 1.89136x_{10} + 0.0114387x_1 - 9.14817 \times 10^{-6}x_6x_8) \quad (5\text{-}4)$$

$$f_2 = -(56.324681 - 0.269293x_{11} + 0.00182543x_{11}^2) \quad (5\text{-}5)$$

$$\begin{aligned} f_3 = -(&-526.089896 - 8.25328x_2 + 1.11541x_8 + 0.229814x_{10} \\ &+ 0.00264013x_1x_8 - 0.00827051x_1x_{10} + 0.0037207x_2x_8 \\ &- 5.36287 \times 10^{-5}x_5x_9 - 0.000217057x_8^2) \end{aligned} \quad (5\text{-}6)$$

$$\begin{aligned} f_4 = -(&1130.495134 + 0.00198502x_1x_{10} - 0.21314x_2x_4 - 0.148874x_2x_7 \\ &- 0.000157399x_5x_9 + 0.00103811x_6x_{11} \\ &+ 0.000177597x_{10} + 0.000142597x_6^3) \end{aligned} \quad (5\text{-}7)$$

$$\begin{aligned} f_5 = -(&26.915743 + 0.122458x_5 + 0.00388909x_1x_7 - 0.000111132x_1x_{10} \\ &- 0.00514664x_1 - 0.00304436x_2x_3 - 0.00201733x_5x_7 + 0.000123343x_6 \\ &+ 0.00122862x_7 + 4.07671 \times 10^{-7}x_8x_9 - 1.31454 \times 10^{-6}x_6x_8 \\ &- 1.36206 \times 10^{-6}x_6x_{10}) \end{aligned} \quad (5\text{-}8)$$

$$f_6 = -(-3.1943308 + 0.136207 + 1.1249 \times 10^{-5}x_1x_8 + 9.2368 \times 10^{-6}x_2x_8$$
$$+ 4.18586 \times 10^{-6}x_6x_7 - 1.36206 \times 10^{-6}x_6^2) \tag{5-9}$$

$$f_7 = -(78.074648 - 0.893487x_1 + 0.00195946x_8 + 0.111704 + 0.00537999x_1$$
$$- 9.45877 \times 10^{-5}x_2x_4 - 3.58433 \times 10^{-6}x_6x_{10} + 9.07678 \times 10^{-7}x_9x_{10}$$
$$+ 0.0183585x_1^2) \tag{5-10}$$

$$f_8 = 81.151389 - 0.0128661x_1x_2 - 0.000120121x_1x_6 - 0.003582x_1$$
$$- 0.00406252x_2x_5 + 0.000216719x_2x_8 + 1.30572 \times 10^{-5}x_4x_6$$
$$+ 2.07317 \times 10^{-5}x_4x_{10} + 4.75765 \times 10^{-6}x_6x_8 \tag{5-11}$$

$$f_9 = -(355.411911 + 0.883443x_4 + 3.1973 - 0.00715459x_1x_6 - 0.00715416x_1x_{10}$$
$$- 0.0124904x_1x_{11} + 0.0415997x_1 - 0.0142366x_2x_6 - 0.0537868x_2x_{11}$$
$$- 0.00147267x_5x_7 + 0.000620051x_6x_{11} + 0.00200799x_9x_{11} - 0.00356566x_9$$
$$+ 0.000912972x_4^2) \tag{5-12}$$

5.2.2 算法应用与分析

本节在上述 9 个目标的汽车驾驶室设计问题上进一步比较了 MOEA/CD-N 与 MOEA/D、MOEA/D-AGR、RVEA、NSGA-III、MOEA/DD 等算法的性能。对于除 NSGA-III 之外的所有算法，在解决 9 个目标汽车驾驶室设计问题时，外内两层参考向量在每个维度的划分数量分别设置为 $H_1 = 3$ 与 $H_2 = 2$，使得种群规模为 $N = 210$。汽车驾驶室设计问题上各算法的终止条件为最大运行代数 200 代，之后利用超体积指标对获得的前沿进行性能评估。对于该汽车驾驶室设计问题，本节实验设置其近似理想点为 (1 413.324 584, −112.223 082, −1 073.063 688, 143 932.777 600, 31.595 946, 1.575 007 0, −76.407 880, 70.722 021, −154.343 458)，设置其近似天底点为 (−1 342.739 506, −94.528 977, −1 020.497 581, 179 914.046 433, −29.250 418, 1.879 062, −74.839 523, 72.957 032, −98.445 845)。同样地，以便对实验中各算法计算得到的超体积结果进行标准化处理。

在本节实验中，每种算法在该汽车驾驶室设计问题上独立运行 30 次。各算法在汽车驾驶室设计问题上获得的超体积结果的最优值、中位值、最劣值如表 5-2 所示。表 5-2 将 6 种算法所得超体积值进行了排序，其中下标表示每个值的排位顺序，结果最好的算法用粗体表示。图 5-3 进一步呈现了各算法在汽车驾驶室设计问题上获得的超体积值为中位数的前沿的平行坐标图。

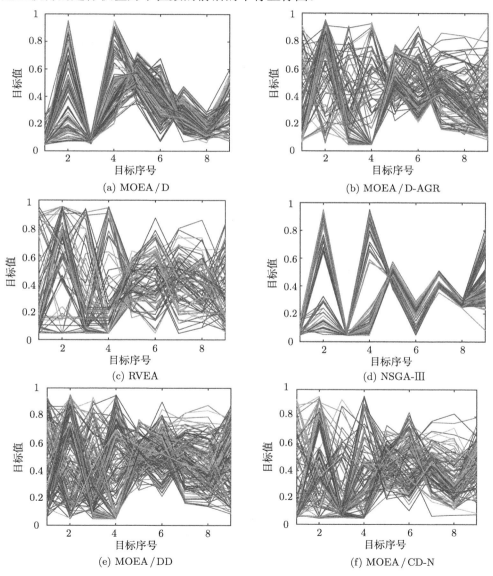

图 5-3 各算法在汽车驾驶室设计问题上获得的超体积值为中位数的前沿的平行坐标图

表 5-2　各算法在汽车驾驶室设计问题上获得的超体积结果（最优值、中位值、最劣值）

测试例	m	MOEA/D	MOEA/D-AGR	RVEA	NSGA-III	MOEA/DD	MOEA/CD-N
汽车驾驶室设计问题	9	$0.183\ 29_{(3)}$	$0.133\ 08_{(6)}$	$0.196\ 80_{(2)}$	$0.162\ 18_{(4)}$	$0.133\ 99_{(5)}$	**$0.209\ 64_{(1)}$**
		$0.181\ 91_{(3)}$	$0.129\ 30_{(5)}$	$0.192\ 76_{(2)}$	$0.119\ 26_{(6)}$	$0.130\ 45_{(4)}$	**$0.199\ 99_{(1)}$**
		$0.181\ 49_{(3)}$	$0.126\ 35_{(5)}$	$0.184\ 44_{(2)}$	$0.095\ 39_{(6)}$	$0.126\ 99_{(4)}$	**$0.190\ 89_{(1)}$**

表 5-2 的超体积值表明，对于汽车驾驶室设计问题，MOEA/CD-N 在超体积值的最优值、中位值、最劣值上都取得了最好的结果。从图 5-3 可以看出，在汽车驾驶室设计问题上，MOEA/D 和 NSGA-III 得到的前沿至少有一半的标准化目标值都低于 0.6，而 MOEA/D-AGR、MOEA/DD、RVEA 和 MOEA/CD-N 取得的前沿的目标值分布范围明显更宽广，这表明这些前沿对真实前沿的覆盖更完整。同时，MOEA/DD 获得的解集在一部分目标上取得的最佳收敛效果明显比 RVEA 和 MOEA/CD-N 差，尤其是在第五、六、七个目标上，从而导致 MOEA/DD 的超体积值比较差。进一步可知 MOEA/CD-N 取得的前沿的平行坐标图中线的分布在大多数目标上都比 MOEA/D-AGR 和 RVEA 两种算法稍密集一些，这表明 MOEA/CD-N 取得的解集在前沿上分布更均匀。综上所述，在汽车驾驶室设计这个工程多目标优化问题上，MOEA/CD-N 在 6 种算法中也取得了最好的求解性能。

第6章 约束多目标优化基础

常见的约束多目标优化标准测试例可分为障碍型、断裂型和消失型三种类型，分别检验算法穿越不可行障碍区域、搜索不连续的帕累托前沿、识别由约束条件的表面区域构成的新的帕累托前沿的能力。罚函数法、二目标方法、随机排序法、约束占优原则和约束容忍法是目前在进化算法中应用较广泛的传统约束处理技术。本章将介绍这些常见约束多目标优化标准测试例和传统约束处理技术等约束多目标优化基础知识，并结合公式、图例和伪码分析各约束处理技术的优缺点。

6.1 约束多目标优化标准测试问题

本节介绍障碍型、断裂型和消失型三类 C-DTLZ 系列约束多目标优化标准测试问题。C-DTLZ 系列约束多目标优化标准测试问题的主要优点是易扩展到高维多目标空间，因此被广泛用于测试约束高维多目标优化算法的性能。

6.1.1 障碍型约束多目标优化标准测试问题

在障碍型约束多目标优化标准测试问题中，帕累托最优前沿保持不变，但在靠近前沿的地方会增加不可行的障碍区域，使得算法必须跨越障碍区域才能收敛到真正的帕累托前沿。这类问题检验的是算法穿越不可行障碍区域的能力，需要算法合理地平衡约束条件和目标值，如果过分强调约束条件，则种群中的不可行解迅速被淘汰，算法无法深入不可行区域进行搜索，最终停留在不可行障碍区域的边缘而无法收敛到真实前沿；如果过分强调目标值，则大量的可行解会被不可行解替换，算法对可行区域的搜索不够充分，最终导致算法无法收敛到可行域。通过在 DTLZ1 和 DTLZ3[79] 测试问题的基础上增加约束条件，可扩展得到两个障碍型约束多目标优化标准测试问题，分别记为 C1-DTLZ1 和 C1-DTLZ3。在 C1-DTLZ1 测试问题中，只有靠近帕累托前沿的一小部分是不可行的，如图 6-1 所示，目标函数和原来的 DTLZ1 测试问题保持相同。为 C1-DTLZ1 测试问题增加的约束条件如下所示：

$$c(x) = 1 - \frac{f_m(x)}{0.6} - \sum_{i=1}^{m-1} \frac{f_i(x)}{0.5} \geqslant 0 \qquad (6\text{-}1)$$

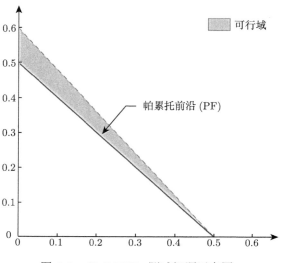

图 6-1　C1-DTLZ1 测试问题示意图

如图 6-2 所示，在 C1-DTLZ3 测试问题中，在目标空间中靠近帕累托前沿的地方引入了一环状不可行域，目标函数和原来的 DTLZ3 测试问题保持相同。为

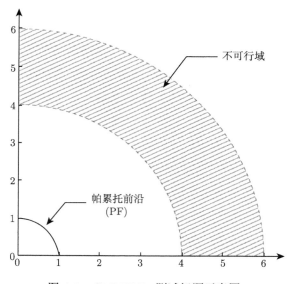

图 6-2　C1-DTLZ3 测试问题示意图

C1-DTLZ3 测试问题添加的约束条件如下所示：

$$c(x) = 1 - \frac{f_m(x)}{0.6} - \sum_{i=1}^{m-1} \frac{f_i(x)}{0.5} \geqslant 0 \tag{6-2}$$

在本书后续的所有测试实验中，m 目标的 C1-DTLZ1 测试例默认使用 $m+4$ 维决策变量，而 m 目标的 C1-DTLZ3 测试例默认使用 $m+9$ 维决策变量。

6.1.2 断裂型约束多目标优化标准测试问题

断裂型约束多目标优化标准测试问题通过在帕累托前沿上引入一部分不可行域，原先连续的前沿被这些不可行域分割成多个非连续的前沿片段。这类问题检验的是算法处理非连续前沿问题的能力，需要算法有较强的全局搜索能力，能够全面地搜索可行域和不可行域，避免陷入局部最优陷阱。同时，也需要算法能够合理地平衡约束条件和目标值，如果过分强调约束条件，则当种群只收敛到其中一个前沿片段时，算法对该前沿片段周围的不可行域的搜索不够充分，无法越过不可行域搜索到其他前沿片段，最终导致无法跳脱出局部最优陷阱而收敛到完整的前沿；如果过分强调目标值，则大量的可行解会被不可行解替换，算法对可行域的搜索不够充分，最终导致算法无法收敛到可行域。

通过在 DTLZ2[79] 和 Convex DTLZ2[35] 测试问题的基础上添加约束条件，可扩展得到两个断裂型约束多目标优化标准测试问题，分别记为 C2-DTLZ2 和 Convex C2-DTLZ2。如图 6-3 所示，在 C2-DTLZ2 测试问题中，只有在 $m+1$ 个半径为 r 的超球面中的目标空间是可行区域，其余为不可行区域，因此帕累托前沿变得不再连续。为 C2-DTLZ2 测试问题添加的约束条件如下所示：

$$c(x) = -\min\left\{ \min_{i=1}^{m}\left[(f_i(x)-1)^2 + \sum_{j=1,j\neq i}^{m} f_j^2 - r^2\right], \right.$$
$$\left. \left[\sum_{i=1}^{m}(f_i(x)-1/\sqrt{m})^2 - r^2\right] \right\} \geqslant 0 \tag{6-3}$$

公式 (6-3) 中，当 $m=3$ 时 $r=0.5$，其余情况下 $r=0.4$。在本书后续的所有测试实验中，对于 m 目标的 C2-DTLZ2 测试例默认使用 $m+9$ 维决策变量。如图 6-4 所示，在 Convex C2-DTLZ2 测试问题中，目标空间中只有轴为 $(1,1,\cdots,1)^T$、半径为 r 的超柱面是不可行区域，从而将原本连续的帕累托前沿一分为二。为 Convex

C2-DTLZ2 测试问题添加的约束条件如下所示：

$$c(x) = \sum_{i=1}^{m}(f_i(x) - \lambda)^2 - r^2 \geqslant 0 \tag{6-4}$$

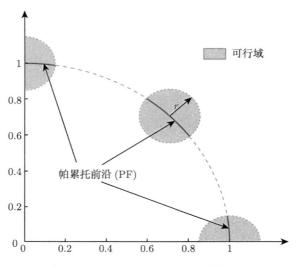

图 6-3 C2-DTLZ2 测试问题示意图

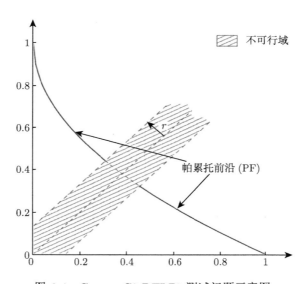

图 6-4 Convex C2-DTLZ2 测试问题示意图

公式 (6-4) 中，$\lambda = \dfrac{1}{m}\sum_{i=1}^{m}f_i(x)$，对应于目标数 $m = \{3, 5, 8, 10, 15\}$ 时，分别

有 $r = \{0.225, 0.225, 0.26, 0.26, 0.27\}$。在本书后续的所有测试实验中，对于 m 目标的 Convex C2-DTLZ2 测试例默认使用 $m+9$ 维决策变量。

6.1.3 消失型约束多目标优化标准测试问题

消失型约束多目标优化标准测试问题包含多个约束条件，并且原来的无约束问题的整个帕累托前沿都被不可行区域覆盖，约束条件的表面重组成新的帕累托前沿。这类问题检验的是算法识别由约束条件的表面区域构成的新的帕累托前沿的能力。由于存在多个约束条件，因此需要算法有较强的全局搜索能力，避免算法只收敛到其中一个约束条件的表面，陷入局部最优陷阱。同时，也需要算法能够合理地平衡约束条件和目标值，如果过分强调约束条件，则当种群只收敛到其中一个约束条件的表面时，无法越过两个约束条件表面的交界点，导致无法跳脱出局部最优陷阱而收敛到完整的前沿；如果过分强调目标值，则算法可能会收敛到原来的前沿。

通过在 DTLZ1 和 DTLZ4[79] 测试问题的基础上添加约束条件，可扩展得到两个消失型约束多目标优化标准测试问题，分别记为 C3-DTLZ1 和 C3-DTLZ4。如图 6-5 所示，为 C3-DTLZ1 添加的 m 个线性约束条件为如下公式：

$$c_j(x) = \sum_{i=1, i \neq j}^{m} f_j(x) + \frac{f_i(x)}{0.5} - 1 \geqslant 0 \tag{6-5}$$

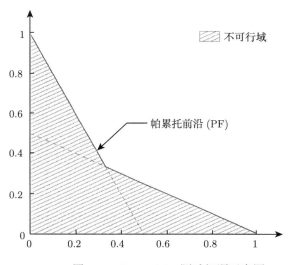

图 6-5　C3-DTLZ1 测试问题示意图

类似地，如图 6-6 所示，为 C3-DTLZ4 添加的 m 个二次方约束条件如下所示：

$$c_j(x) = \frac{f_j(x)^2}{4} + \sum_{i=1, i \neq j}^{m} f_i(x)^2 - 1 \geqslant 0 \tag{6-6}$$

在本书后续的所有测试实验中，对于 m 目标的 C3-DTLZ1 和 C3-DTLZ4 测试例都默认使用 $m+4$ 维决策变量。

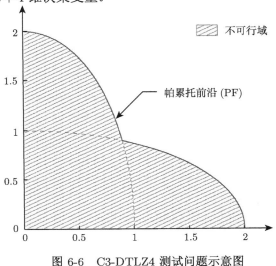

图 6-6　C3-DTLZ4 测试问题示意图

6.2　分解型多目标优化中的典型约束处理技术

本节将介绍几种常用的典型约束处理技术，包括罚函数法、二目标方法、随机排序法、约束占优原则及约束容忍法等。其中，罚函数法和二目标方法通常被进化算法用于处理单目标约束优化问题，而其余三种方法既可用于处理单目标约束优化问题，也常被分解型多目标进化算法用于处理约束。这里首先为这些约束处理技术引入约束违反程度的定义[54]。给定一个约束优化问题，通过综合不等式约束和等式约束的违反程度，个体 x 的约束违反程度可由公式 (6-7) 计算得到。

$$\mathrm{CV} = \sum_{i=1}^{p} \max(g_i, 0) + \sum_{i=1}^{q} \max(|h_i - \delta|, 0) \tag{6-7}$$

如公式 (6-7) 所示，约束违反程度 CV 由 p 个不等式约束和 q 个等式约束的约束违反量求和得到。如果问题带有等式约束，并且等式约束表达式为线性的，那

么该等式约束可以直接用来消除一个决策变量,缩减问题的搜索空间。如果等式约束表达式为非线性的,那么在实际求解中将等式约束按照如下公式转换为不等式约束：$|h_i - \delta| \leqslant 0$,这里 δ 为容忍值,通常取非常小的正数。

6.2.1 罚函数法

罚函数[46,88]主要如公式 (6-8) 所示,通过使用一个惩罚因子 R 来对约束违反程度进行惩罚,这样就修正了原有个体的目标函数,让约束违反程度更小的个体能够以更大的比率进入下一代。

$$\text{minimize} \quad p(\boldsymbol{x}, R) = R \cdot \text{CV}(\boldsymbol{x}) + f(\boldsymbol{x}) \tag{6-8}$$

罚函数法在求解约束单目标优化问题时可以在一定程度上利用不可行解的信息帮助算法搜索,但该方法非常依赖惩罚因子的设置,对于具有复杂约束的优化问题,很容易陷入局部最优陷阱[89,90]。Mezura-Montes[90]已指出需要对罚函数公式中的惩罚因子 R 选择非常合适的值来对约束违反程度进行惩罚,才能够避免惩罚过度导致提前收敛,或者惩罚不够导致算法找不到可行解。

6.2.2 二目标方法

二目标方法是通过把个体总的约束违反程度当作一个目标函数来处理的技术,进而可以使用多目标技术来求解约束单目标优化问题。该方法能让算法在更多的不可行区域进行探索,也就能够利用不可行区域的有效信息帮助算法找到目标函数值更优的可行解。将二目标方法用于求解约束单目标优化问题时,首先将其转换为一个二目标优化问题 (Bi-objective Optimization Problem, BOP),如图 6-7 所示。其中可行解都集中在可行段上,不可行的非占优解在 f 和 CV 组成的二目标优化问题的非劣前沿上。对于约束单目标优化问题,可行段和非劣前沿的交点就是全局最优的可行解。

$$\begin{aligned}\text{minimize} & \quad f(\boldsymbol{x}) = (f_1(\boldsymbol{x}), f_2(\boldsymbol{x})) \\ \text{subject to} & \quad \boldsymbol{x} \in \Omega\end{aligned} \tag{6-9}$$

转换得到的二目标优化问题如公式 (6-9) 所定义,如果把 f_1 当作 $\text{CV}(\boldsymbol{x})$,把 f_2 当作 $f(\boldsymbol{x})$,就把一个约束单目标优化问题转换成了一个二目标优化问题。对于二目标优化问题,分解型多目标进化算法通常是通过聚合函数进行处理。最常用的聚合函数是加权和聚合函数,如公式 (6-10),其中 $\lambda_1^k \geqslant 0$,$\lambda_2^k \geqslant 0$ 且 $\lambda_1^k + \lambda_2^k = 1$。

$$\text{minimize} \quad g^{ws}(\boldsymbol{x}|\lambda^k) = \lambda_1^k f_1(\boldsymbol{x}) + \lambda_2^k f_2(\boldsymbol{x}) \tag{6-10}$$

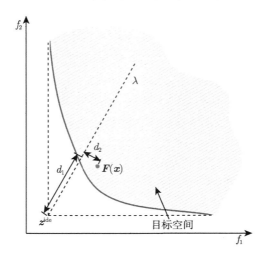

图 6-7　由约束单目标优化问题转换得到的二目标优化问题示意图

通过比较公式 (6-8) 和公式 (6-10) 可以看出，二目标方法实际是同时尝试多个不同尺度的惩罚因子惩罚约束违反值，通过加权聚合得到每个子问题的标量目标函数，相当于其惩罚因子取值 $R = \dfrac{\lambda_1^k}{\lambda_2^k}$，如图 6-8 所示。通过将约束优化问题转换成的二目标优化问题进行分解得到一系列标量子问题，二目标方法能够同时使用不同尺度的惩罚因子来对约束单目标优化问题进行处理，进而能够利用转换得到的二目标优化问题的非劣前沿上的非劣解信息。由于不同的约束条件对惩罚参数的选择具有敏感性，基于罚函数法的约束单目标进化算法很难找到全局最优可行解。而二目标方法可以同时尝试多个惩罚因子对约束违反值进行求解，驱动算法在可行域上往目标值最小的方向进行搜索，找到全局最优可行解。

使用二目标方法来求解约束单目标优化问题的优势在于，可以利用非劣的不可行解来帮助可行解往目标值最优的方向进行搜索。但二目标方法在求解约束单目标问题时，通常都需要额外的机制来保证算法往可行区域搜索，避免无法找到可行解的情况。CMODE[91] 是基于二目标方法的最成功的约束单目标进化算法之一。该算法每代需要从大小为 N 的种群 P 挑选出 λ 个个体作为父代个体集合 Q，生成 λ 个子个体集合 R，将集合 R 和 Q 进行非占优排序，识别出集合 R 中的非劣解。将这些非劣解再随机替换掉 Q 中的被占优的解，最后将新的集合 Q 加入到种

群 P 中。同时引入不可行解替换机制驱动种群从不可行区域搜索到可行区域，该机制需要在每代收集 R 中约束违反程度最小的解到一个集合 A 中，每间隔一定的进化代数时，将集合 A 中的个体根据占优关系和约束违反值来替换掉 P 中的 $|A|$ 个个体。该机制虽然能够保证 CMODE 能够找到可行解，但由于需要对种群中所有解进行非劣排序，导致计算开销较大。CMODE 在求解约束单目标优化问题时可以找到目标值很优秀的可行解，但是其构造不可行解集时需要进行非劣排序，而目前不存在高效率的非劣排序算法，因此 CMODE 存在效率较低的问题。同时由于 CMODE 算法并没有系统地构造前沿，进而也就无法利用非劣前沿中的不可行解邻居结构帮助算法进行局部搜索。

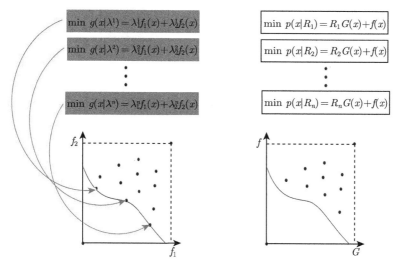

图 6-8　二目标方法与罚函数的联系示意图

6.2.3　随机排序法

随机排序 (Stochastic Ranking, SR) 法 [92] 是单目标进化算法中无惩罚参数的比较有前景的目标/约束分离类约束处理技术，该方法通过使用一个固定的概率参数 p_f 来决定使用目标函数值还是约束违反程度作为个体比较依据，从而避免了惩罚参数的使用。Jan 和 Khanum[48] 进一步将随机排序法嵌入到分解型多目标进化算法 MOEA/D 的框架中，从而将随机排序法拓展到了多目标优化领域，取得了较好的求解效果。概率参数 p_f 仅在涉及不可行解的比较时才使用，即如果给定的两个个体都是可行的，那么 $p_f = 1$，这种情况下与无约束优化问题的处理相同，即聚合目标函数值更优的个体被认为更优；如果其中一个个体是不可行的或两个个体都是不可行的，那么就以 p_f 的概率来比较聚合目标函数值，以 $(1-p_f)$ 的概率比较约束违反程度。根据文献 [48] 的建议，本书后续的所有测试实验都设置 $p_f = 0.05$。

随机排序法所采用的两个个体比较规则如算法 6-1 所示，其中 $g^{\text{pbi}}(x)$ 表示使用基于惩罚的边界交叉聚合目标函数。当个体 x_1 和 x_2 都是可行解或 $r < p_f$ 时，比较两个个体的聚合函数值；否则，比较两个个体的约束违反程度，更优者被赋值给函数的返回值 x^*。

Runarsson 和 Yao 提出了基于随机排序的差分进化 (Stochastic Ranking Differential Evolution, SRDE) 算法 [93]，算法每代都需要将大小为 N 的种群进行排序，比较规则是随机排序法，需要对整个种群进行 N 次循环排序，判断第 $j+1$ 个个体是否比第 j 个个体更优，若更优则交换位置，如果某次循环没有进行任何交换，则终止循环。当进行变异时，排序为前 μ 个个体使用 DE 算子进行重组变异，因为这些个体通常都是种群中较优解，通过 DE 算子能够保证产生的子代更接近全局最优解。随机排序法也同样存在无法避开局部最优陷阱的缺陷，特别是当问题的约束条件较为复杂的时候，基于该方法的算法可能也无法进一步搜索到更优的可行解。

算法 6-1　随机排序的比较规则

输入：x_1: 参与比较的第一个个体；x_2: 参与比较的第二个个体；p_f: 比较概率参数。

输出：x^*: 更优的个体。

1: $r \leftarrow \text{Rand}(0,1)$；

2: $x^* \leftarrow x_2$；

3: **if** $\text{CV}(x_1) = \text{CV}(x_2) = 0$ or $(r < p_f)$ **then**

4: 　　**if** $g^{\text{pbi}}(x_1) < g^{\text{pbi}}(x_2)$ **then**

5: 　　　　$x^* \leftarrow x_1$；

6: **else**

7: 　　**if** $\text{CV}(x_1) < \text{CV}(x_2)$ **then**

8: 　　　　$x^* \leftarrow x_1$；

9: **return** x^*；

同时，随机排序法使用的比较概率具有较大的盲目性。从宏观上看，在算法的初期阶段，有前景的不可行个体蕴含很多有效信息，可以帮助算法越过不可行障碍和局部最优陷阱，应该有较大机会存活，即 p_f 应较大；在算法的后期阶段，因为需要收敛到可行前沿，应该让不可行个体存活的机会较小，即 p_f 应较小。然而，随机排序法使用了固定的概率，使得算法无法根据进化的进程调整搜索的策略。从微观上看，一个个体参与比较时，当它的约束违反程度较小时应该以较大概率选择比较目标值而存活，当它的约束违反程度较大时应该以较大概率选择比较约束违反程度而淘汰。然而，随机排序法使用了固定的概率，使得算法无法根据参与比较的个体约束违反程度的差异调整比较的策略。为了解决这些问题，一种自适应随机排序 (Adaptive Stochastic Ranking, ASR) 法 [94] 被提出，以便使得比较概率参数 p_f 能够根据进化的进程和个体的约束违反程度差异动态地进行调整，从而更好地利用了不可行解的有效信息帮助种群进化。

6.2.4 约束占优原则

约束占优原则 (Constraint-Domination Principle, CDP)[42,95] 是无惩罚参数的另一种比较有前景的目标/约束分离类约束处理技术。Deb 等 [95] 为了让 NSGA-II 具有约束处理能力，将两个体间帕累托占优的概念简单地修正为约束占优，使得采用约束占优概念的帕累托占优型多目标进化算法在多目标优化的同时能够处理约束。在比较两个个体的时候，约束占优原则优先考虑两个个体的约束违反程度，选择约束违反程度较小的个体，如果约束违反程度相等，则优先考虑目标值。具体地，约束占优原则在比较两个个体的时候主要有以下三个规则：

① x_1 是可行解，x_2 是不可行解。
② x_1 和 x_2 都是不可行解，且 x_1 的约束违反程度小于 x_2 的约束违反程度。
③ x_1 和 x_2 都是可行解，且 x_1 目标值占优 x_2。

当满足上述三个规则的任意一个时，则称个体 x_1 约束占优个体 x_2：

Jan 和 Khanum[48] 进一步修改了约束占优策略将其嵌入分解型多目标进化算法，使得分解型多目标进化算法 MOEA/D 也可在多目标优化的同时处理约束。由于分解型多目标进化算法根本不包含帕累托占优比较操作，因此为了能让约束占优原则可应用于分解型多目标进化算法，他们将原约束占优概念的条件 3 改为在 MOEA/D 的更新规则中比较单目标子问题的聚合目标函数值。即在条件 3 中如果参与比较的父代个体和后代子个体两者都是可行的，并且子个体的聚合函数值小于其父代个体，那么子个体约束占优并且替换父代个体。因此，可以在 MOEA/D 框架中使用约束占优原则来比较两个带约束的个体的优劣，算法 6-2 中给出了这个过程的伪码。

约束占优原则和随机排序法的区别在于不可行解的比较方式存在差异，但两者也存在联系，在比较概率 $p_f = 0$ 时两种技术是等价的。约束占优原则也存在一定的不合理性，因为它明确规定了在目标空间中可行解一定优于不可行解，这导致不可行解在种群中迅速消失，使多目标进化算法无法有效利用不可行空间中的非劣个体的有用信息，搜索仅集中在部分可行域而容易陷入局部最优陷阱。

算法 6-2 约束占优原则的比较规则

输入: x_1: 参与比较的第一个个体; x_2: 参与比较的第二个个体。

输出: x^*: 更优的个体。

1 : $x^* \leftarrow x_2$;
2 : **if** $CV(x_1) = 0$ and $CV(x_2) > 0$ **then**
3 : $x^* \leftarrow x_1$;
4 : **else if** $CV(x_1) > 0$ and $CV(x_2) > 0$ **then**
5 :   **if** $CV(x_1) < CV(x_2)$ **then**
6 : $x^* \leftarrow x_1$;
7 : **else**
8 :   **if** $g^{\mathrm{pbi}}(x_1) < g^{\mathrm{pbi}}(x_2)$ **then**
9 : $x^* \leftarrow x_1$;
10: **return** x^*;

6.2.5 约束容忍法

Asafuddoula 等 [54] 提出了一种基于约束容忍 (Allowable Constraint Violation, ACV) 的约束处理技术，使用种群可行率 (Feasibility Ratio, FR) 来控制可容忍的约束违反程度范围，使得算法能够根据当前种群的进化情况自适应调整。种群可行率指的是当前种群中可行解所占的比例，即 FR 等于当前种群中的可行解数量与种群规模的比值。同时，文献 [54] 将原始的约束违反程度的定义进一步修改为公式 (6-11)，修改后的约束违反程度 CV'_j 不仅考量了约束违反值，也考量了约束条件的数量，这里 $\overline{\text{CV}'}$ 为种群中个体的平均约束违反程度。约束容忍 $\delta(\text{CV}')$ 是一个阈值，可由公式 (6-13) 计算得到，当一个个体的约束违反程度 $\text{CV}(\boldsymbol{x}) < \delta(\text{CV}')$ 时，该个体被视为可行解进行处理。

$$\text{CV}'_j = p \cdot \sum_{i=1}^{p} \max(g_i(\boldsymbol{x}_j), 0) + q \cdot \sum_{i=1}^{q} \max(|h_i(\boldsymbol{x}_j) - \delta|, 0) \qquad (6\text{-}11)$$

$$\overline{\text{CV}'} = \frac{1}{N} \sum_{j=1}^{N} \text{CV}'_j \qquad (6\text{-}12)$$

$$\delta(\text{CV}') = \overline{\text{CV}'} \cdot \text{FR} \qquad (6\text{-}13)$$

给定两个个体 $\boldsymbol{x}_1$ 和 $\boldsymbol{x}_2$，那么基于约束容忍将进行如下比较，即当 $\text{CV}'(\boldsymbol{x}_1) < \delta(\text{CV}')$ 且 $\text{CV}'(\boldsymbol{x}_2) < \delta(\text{CV}')$ 时，两个个体均被视为可行解，此时使用聚合目标函数值进行比较；当 $\text{CV}'(\boldsymbol{x}_1) = \text{CV}'(\boldsymbol{x}_2)$，两个个体约束违反程度相等，使用聚合目标函数值进行比较；否则，比较两者的约束违反程度，约束违反程度小的个体更优。这个过程的伪码如算法 6-3 所示。

算法 6-3 基于约束容忍的比较规则
***

输入：ε: 约束容忍阈值；x_1: 参与比较的第一个个体；x_2: 参与比较的第二个个体。
输出：x^*: 更优的个体。

1: $x^* \leftarrow x_2$;
2: **if** ($\text{CV}(x_1) < \varepsilon$ and $\text{CV}(x_2) < \varepsilon$) or $\text{CV}(x_1) = \text{CV}(x_2)$ **then**
3:     **if** $g^{\text{pbi}}(x_1) < g^{\text{pbi}}(x_2)$ **then**
4:         $x^* \leftarrow x_1$;
5: **else if** $\text{CV}(x_1) < \text{CV}(x_2)$ **then**
6:     $x^* \leftarrow x_1$;
7: **return** x^*;

***

约束容忍法让可行解及约束违反程度较小的不可行解都可进入种群，从而可利用这两者蕴含的有用信息引导搜索朝向可行且较优的区域，扩大了算法的搜索范围，避免算法陷入局部最优陷阱。但约束容忍法存在一个明显缺陷，一旦某一时刻种群中全为可行解时，$\delta(CV')$ 将变为零，那么在此之后产生的任何不可行解都将被淘汰掉而无法进入种群，这有悖于算法设计的初衷。

第 7 章　锥形分解约束高维多目标进化算法 C-MOEA/CD

本章将针对约束多目标及高维多目标优化问题，主要介绍一种锥形分解约束高维多目标进化算法 C-MOEA/CD[50,51]。该算法在 MOEA/CD 的基础上引入了锥形分层约束处理技术，不仅将约束多目标优化问题分解成一系列约束单目标优化子问题，还将每一个子问题的约束违反程度划分为一系列约束子层，通过综合利用不同子问题及不同约束子层间不可行解的信息，引导算法穿越不可行障碍区域。本章将首先对约束锥形分解策略进行详细阐述。接着从锥形分层选择机制、锥形分层更新机制、算法流程与流程细节、及算法复杂度等方面对算法进行详细说明。最后在前述三类约束高维多目标优化标准测试问题上，对比 5 种流行算法对 C-MOEA/CD 在解集质量和运行效率两方面进行全面的性能测试。

7.1　约束锥形分解策略

C-MOEA/CD 所采用的锥形分层约束处理技术主要由约束锥形分解策略、锥形分层选择机制、锥形分层更新机制三个部分构成。其中约束锥形分解策略又包含目标锥形分解和约束锥形分层两个阶段。目标锥形分解阶段采用第 3 章中 MOEA/CD 的锥形分解策略，对目标空间进行分解，将约束多目标优化问题分解为一系列约束单目标优化子问题，并为每个子问题分配目标空间中的一个锥形子区域。目标锥形分解阶段并未考虑个体的约束违反程度，只对目标空间进行分解，从而将一个约束多目标优化问题转化为 N 个约束单目标优化子问题。对于每一个约束单目标优化子问题，算法需要求得满足约束条件的具有最小聚合目标函数值的解。约束锥形分层阶段则进一步将约束违反程度 $CV(x)$ 作为第一个目标，将聚合目标函数值作为第二个目标，那么原来的约束多目标优化问题便转化为了 N 个二目标优化问题，如公式 (7-1) 所示。因此，此时可以借鉴多目标方法对每一个子问题的约束进行有效的综合处理。

$$\begin{aligned}\text{minimize} \quad & \boldsymbol{F}(\boldsymbol{x}) = (f_1(\boldsymbol{x}), f_2(\boldsymbol{x}))^{\mathrm{T}} \\ & f_1(\boldsymbol{x}) = \mathrm{CV}(x) \\ & f_2(\boldsymbol{x}) = g(x)\end{aligned} \quad (7\text{-}1)$$

约束锥形分层本质上是在约束违反程度与聚合目标函数组成的二维平面中进一步运用锥形分解思想。首先在二维平面的观测直线上生成 M 个方向向量，然后将聚合目标函数值与约束违反程度构成的二维目标空间均匀划分为 M 个锥形约束子层 $C^k, k \in [1, \cdots, M]$，其中最靠近 f_2 轴的为 C^1，最靠近 f_1 轴的为 C^M。每个约束子层本质上是遵循公式 (7-1) 的二维平面中的一个锥形子区域。

注意约束锥形分层虽然与目标锥形分解的过程相似，但是它们又有明显区别。第一，分解的对象不一样。目标锥形分解的对象是约束多目标优化问题的目标空间，其目的是将一个约束多目标优化问题分解为多个约束标量目标优化子问题；而约束锥形分层的对象是每个约束标量目标优化子问题的聚合目标函数值与约束违反程度所构成的二目标空间，其目的是将该目标空间划分为多个约束子层。第二，目标数不一样。目标锥形分解中目标数 m 可以是任意正整数，而约束锥形分层中 m 恒等于 2。

当生成一个新个体时，算法不仅需要定位个体属于哪一个子问题，还需要定位个体属于哪一个约束子层 (算法 7-1)。根据公式 (7-2)，可以推导出个体 $\boldsymbol{x}$ 在二维平面中位于第 $\left\lfloor t = \frac{(M-1)\left(f_1(\boldsymbol{x}) - f_1^{\triangle}(A')\right)}{f_1(\boldsymbol{x}) - f_1^{\triangle}(A') + f_2(\boldsymbol{x}) - f_2^{\triangle}(A')} + \frac{1}{2}\right\rfloor$ 个约束子层，即 $\boldsymbol{x} \in C^t$，其中 A' 表示依据锥形分解关联到该子问题的个体集合，$f^{\triangle}(A') = \left(f_1^{\triangle}(A'), f_2^{\triangle}(A')\right)$ 表示 A' 的理想点。

$$\Phi^i = \left\{\boldsymbol{F}(\boldsymbol{x}) \in \mathrm{R}^m | \forall j \in [1, \cdots, N] \setminus i, d\left(V(\boldsymbol{x}), \boldsymbol{\lambda}^i\right) \leqslant d\left(V(\boldsymbol{x}), \boldsymbol{\lambda}^j\right)\right\} \quad (7\text{-}2)$$

算法 7-1 定位约束子层

输入: x: 需要定位约束子层的特定个体; M: 每个子问题的约束子层数; i: 子问题下标。

输出: t: 约束子层的下标。

$1: t = \left\lfloor \dfrac{(M-1)\left(f_1(x) - f_1^{\triangle}(A')\right)}{f_1(x) - f_1^{\triangle}(A') + f_2(x) - f_2^{\triangle}(A')} + \dfrac{1}{2} \right\rfloor$;

$2:$ **return** t;

通过一个例子可以更直观地说明单个标量子问题的约束锥形分层的过程。如图 7-1 所示,在二维平面中,观测直线被划分为 6 段,即 $H=6$,生成 $C_{6+2-1}^{2-1}=7$ 个方向向量,由黑色实心圆点表示。对应 7 个方向向量,目标空间被划分为 7 个锥形约束子层。给定由 ★ 表示的特定个体 x,$V(x)$ 为个体 x 在该二维平面的观测向量。从图中可以看出,在观测直线上 $V(x)$ 和第四个方向向量距离最近,因此个体 x 属于第 4 个约束子层。接下来可以使用多目标方法来处理这个子问题的约束,目的是找到满足约束条件的具有最小聚合目标函数值的解,即 f_2 轴上的全局最优点。

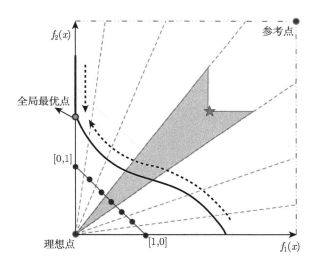

图 7-1　单个标量子问题的约束锥形分层示意图

图 7-2 为约束多目标优化问题的约束锥形分解示意图,其中 f_1 轴和 f_2 轴表示原多目标优化问题的原始目标,CV 轴表示约束违反程度。在 f_1 轴和 f_2 轴构成的多目标空间中,目标锥形分解阶段将其分解为 6 个约束单目标优化子问题。对于每一个方向向量 λ^i 对应的约束单目标优化子问题,在该子问题的聚合目标函数与约束违反程度 CV 构成的二维平面中,约束锥形分层阶段又将该子问题的目标和约束构成的二维平面划分为 5 个约束子层。

由于约束单目标优化子问题的聚合目标函数值和约束违反程度之间通常具有较大的尺度差异性,这给问题的求解带来了额外的难度。因此,约束锥形分层阶段首先将二维目标空间中的聚合目标函数值和约束违反程度转化到标准二目标空间,消除约束与目标的尺度差异性。标准二目标空间以关于该子问题聚合目标函数值和约束违反程度的当前理想点为原点，该理想点由关联于该子问题各个约束子层的 M 个个体计算得到，所有的个体都可通过其观测向量映射到观测直线上，并根据算法 7-1 来定位个体属于哪一个约束子层。经过标量目标与约束违反之间的尺度标准化处理之后，一个个体的聚合目标函数值和约束违反程度之间的比值关系，可在一定程度上反映该个体的"潜力"。如果比值非常大，说明约束违反程度非常小，而聚合目标函数值相对比较大，这些个体对于种群收敛到可行域至关重要；如果比值非常小，说明聚合目标函数值非常小，而约束违反程度相对比较大，这些个体蕴含不可行区域中的有用信息，能够帮助种群跨越不可行障碍区域，收敛到全局最优。约束锥形分层阶段将个体划分为若干个层次，相当于对个体的"潜力"进行分级。在后续的选择操作和更新操作中，算法对于不同"潜力"的个体可以采用不同的策略。为方便描述，根据"潜力"的大小，约束锥形分层阶段将集合 $\{C^1, C^M\}$ 称为核心层，将集合 $\{C^2, \cdots, C^{M-1}\}$ 称为辅助层。

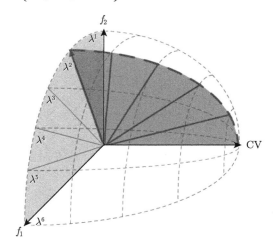

图 7-2 约束多目标优化问题的约束锥形分解示意图

虽然可以使用多目标优化方法来优化约束单目标子问题，但专门用于约束单目标子问题的优化方法与普通的多目标优化方法相比还是存在明显差异，具体表现在以下三个方面。第一，目标数不一样。多目标优化问题有的只包含两个目标，有的则包含多个目标，问题的目标数每增加一个会导致多目标优化求解难度一般呈几何增长；而用于约束单目标子问题的多目标优化方法中，原始约束优化问题被转换为只具有两个目标的二目标问题,一个为目标函数值,另一个为约束违反程度。二目标优化问题是多目标优化问题中最简单最易于求解的一种,所以约束优化中只需使用多目标优化中较简单的二目标优化方法。第二,求解最终结果不一样。多目标优化中最终需要得到近似代表帕累托前沿的一组最优解集,而用于约束优化的二目标法则最终只需要得到一个可行的最优解即可。第三,求解过程中的性能要求不一样。多目标优化中由于最终需得到近似代表帕累托前沿的一组最优解集,因此求解过程中需要保持种群沿帕累托前沿分布的完整性和均匀性,而用于约束优化的二目标法只需要得到一个满足约束条件的最优解,因而并不需要严格保证种群前沿分布的完整性,也不需要严格保持种群前沿分布的均匀性。

7.2 锥形分层选择机制

由于高维多目标空间中个体之间的差异性通常较大,在这种情况下重组生成的新个体可能与它父代个体之间的距离也较远,加上约束条件的限制,求解难度大大增加。为了克服这个问题,锥形分解约束高维多目标进化算法 C-MOEA/CD 针对高维多目标和约束处理,专门设计了一种父代个体选择机制,称为锥形分层选择机制。

经过约束锥形分解策略,一个约束多目标优化问题被分解为一系列约束单目标优化子问题,而每个子问题的聚合目标与约束构成的二维目标空间又被继续划分成一系列约束子层。针对高维多目标空间带来的挑战,锥形分层选择机制一方面以较大概率从邻居子问题中选择父代个体,借助邻居子问题的有效信息进行优化。因为邻居子问题之间相似度较高,生成的个体通常距离其父代个体较近,在后续的操作中成功更新种群的几率较大。另一方面,锥形分层选择机制以较小概率从所有子问题中选择父代个体,增强算法的全局搜索能力,避免种群陷入局部最优陷阱。针对约束处理,锥形分层选择机制以较大概率从核心层中选择父代个体,因为核心层中保存着子问题的最优个体;以较小概率从所有约束子层中选择父代个体,因为辅助层中可能存在一些有前景的不可行解,进化算法需要利用蕴含在不可行解中的有效信息帮助种群进化,避免搜索仅集中在可行区域而陷入局部最优陷阱。在核心层中,锥形分层选择机制以较大概率从 C^1 中选择父代个体,保证算法朝着可行区域收敛;以较小概率从 C^M 中选择父代个体,因为最后一个约束子层保存着适应度值最好的个体，虽然该个体通常是不可行解，这对于避开局部最优陷阱特别是突破障碍型约束条件，收敛到全局最优有较大的益处。

锥形分层选择机制涉及 $\delta = \{\delta_1, \delta_2, \delta_3, \delta_4\}$ 和 θ 这些概率参数，这里 $\sum_{i=1}^{4} \delta_i = 1$。具体来说，锥形分层选择机制按如下规则分为 4 种情况选择父代个体：

① 以 δ_1 概率从邻居子问题的核心层中选择父代个体，其中以 θ 概率选择 C^1，以 $(1-\theta)$ 概率选择 C^M。

② 以 δ_2 概率从邻居子问题的所有约束子层中选择父代个体。

③ 以 δ_3 概率从所有子问题的核心层中选择父代个体，其中以 θ 概率选择 C^1，以 $(1-\theta)$ 概率选择 C^M。

④ 以 δ_4 概率从所有子问题的所有约束子层中选择父代个体，也就是从整个种群中选择。

7.3 锥形分层更新机制

约束锥形分层阶段将标量子问题的二维目标空间划分成一系列约束子层，不同的约束子层在优化子问题时承担不同的任务：核心层中保存子问题当前最优的个体，其中约束子层 C^1 倾向于保存可行解中聚合目标函数值更优的个体，约束子层 C^M 倾向于保存聚合函数值最优的个体中约束违反程度更小的个体；辅助层保存一些有前景的不可行解，算法可以利用蕴含在这些不可行解中的有效信息帮助进化，避免算法陷入局部最优陷阱，从而收敛到全局最优。因此，对于不同约束子层的更新，需要使用不同的规则进行比较。鉴于此，在锥形分解约束高维多目标进化算法 C-MOEA/CD 中专门设计了一种个体更新机制，称为锥形分层更新机制。

对于第 i 个子问题的约束子层 C^1，锥形分层更新机制使用可行性优先规则 (Feasibility First Rule, FFR)，记为 $\triangleleft_{\text{FFR}}^i$。如公式 (7-3) 所示，可行性优先规则先比较约束违反程度，保留约束违反程度小的个体，若相等，再比较聚合目标函数值，保留聚合目标函数值小的个体。

$$\boldsymbol{x}_1 \triangleleft_{\text{FFR}}^i \boldsymbol{x}_2 \Leftrightarrow \text{CV}(\boldsymbol{x}_1) < \text{CV}(\boldsymbol{x}_2) \vee (\text{CV}(\boldsymbol{x}_1) = \text{CV}(\boldsymbol{x}_2) \wedge g^{\text{pbi}}(\boldsymbol{x}_1) < g^{\text{pbi}}(\boldsymbol{x}_2)) \quad (7\text{-}3)$$

对于第 i 个子问题的约束子层 C^M，锥形分层更新机制使用目标值优先规则 (Objective First Rule, OFR)，记为 $\triangleleft_{\text{OFR}}^i$。如公式 (7-4) 所示，目标值优先规则先比较聚合目标函数值,保留聚合目标函数值小的个体,若相等,再比较约束违反程度,保留约束违反程度小的个体。

$$x_1 \triangleleft_{\text{OFR}}^i x_2 \Leftrightarrow g^{\text{pbi}}(x_1) < g^{\text{pbi}}(x_2) \vee (g^{\text{pbi}}(x_1) = g^{\text{pbi}}(x_2) \wedge \text{CV}(x_1) < \text{CV}(x_2)) \quad (7\text{-}4)$$

对于第 i 个子问题的其他约束子层,锥形分层更新机制使用锥面积指标 (Conical Area Indicator, CAI)[29] 来评估个体之间的优劣,记为 $\triangleleft_{\text{CAI}}^i$。锥面积的定义在公式 (7-5) 给出,其中符号 $\lambda(\cdots)$ 表示括号中参数所描述锥形区域的面积。结合图 7-1 可以更直观地看出,一个个体的锥面积指的是其所在的约束子层中,不被该个体占优的锥形区域的面积,即图 7-1 中的阴影部分。从公式 (7-6) 可以看出,锥面积更小的个体被视为更优。

$$S(x') = \lambda\left(\{x \in C^k \mid \neg(x' \prec x) \wedge x \prec z^{\text{nad}}\}\right) \quad (7\text{-}5)$$

$$x_1 \triangleleft_{\text{CAI}}^i x_2 \Leftrightarrow S(x_1) < S(x_2) \quad (7\text{-}6)$$

总之,锥形分层更新机制对于不同的约束子层,采用三种不同的约束子层比较规则,如公式 (7-7) 所示。给定位于同一个约束子层的两个个体 x_1 和 x_2,当 x_1 优于 x_2 时,记为 $x_1 \triangleleft^i x_2$。

$$x_1 \triangleleft^i x_2 = \begin{cases} x_1 \triangleleft_{\text{FFR}}^i x_2, & x_1, x_2 \in C^1 \\ x_1 \triangleleft_{\text{OFR}}^i x_2, & x_1, x_2 \in C^M \\ x_1 \triangleleft_{\text{CAI}}^i x_2, & \text{其他} \end{cases} \quad (7\text{-}7)$$

7.4 C-MOEA/CD 算法流程

7.4.1 算法主框架

算法 7-2 展示了锥形分解约束高维多目标进化算法 C-MOEA/CD 的主框架。首先,需要进行一些初始化工作,在第 1 行经过初始化操作后可得到种群大小 N、方向向量集合 D、邻居集合 B、K-D 树 I、初始化种群 P 及理想点 z^{ide}。完成初始化之后,便进入了主循环,开始种群的进化。在主循环内部,当终止条件不满足时,遍历所有子问题,首先在第 4 行进行父代个体的选择操作,然后在第 5 行将父代个体进行重组和变异操作,生成新个体,第 6 行再用生成的新个体更新理想点,最后第 7 行对种群进行锥形分层更新。下面将逐步介绍 C-MOEA/CD 各个部分的实现细节。

算法 7-2 C-MOEA/CD 主框架

输入: M: 每个子问题的约束子层数量; T: 邻居数量; m: 目标数; H_1: 外层目标坐标系中每个维度的划分数量; H_2: 内层目标坐标系中每个维度的划分数量; N_p: 重组操作中父代个体的数量; δ: 父代个体选择概率参数; θ: 父代个体选择概率参数; n_r: 可被新个体更新的最大父代个体数量。

输出: P^*: 帕累托解集 (PS); $F(P^*)$: 帕累托前沿 (PF)。

1: $N, D, B, I, P, \boldsymbol{z}^{\text{ide}} \leftarrow \text{Initialize}(m, H_1, H_2, T, M)$;
    // 主循环
2: **while** 未满足终止条件 **do**
3:     **for** $i \in [1, \cdots, N]$ **do**
4:         $Q \leftarrow \text{SelectParents}(i, B, D, M, N_p, \delta, \theta)$;
5:         对父代个体 Q 进行重组和变异操作, 生成新个体 y;
6:         $\boldsymbol{z}^{\text{ide}} \leftarrow \text{UpdateIdealPoint}(y, \boldsymbol{z}^{\text{ide}})$;
7:         $P \leftarrow \text{ConeUpdate}(y, P, B, I, M, n_r, \boldsymbol{z}^{\text{ide}})$;
8: 从 P 移除被占优的解, 得到帕累托解集 P^*;
9: **return** P^*;

7.4.2 初始化阶段

算法 7-3 展示的是初始化阶段的伪码, 这一阶段有如下 4 个任务:

① 在 1 中, 根据算法 3-1 生成 N 个参考方向向量, 计算出每个子问题的邻居子问题集合, 构建 K-D 树。

② 在 2 中, 在决策空间中随机初始化种群。

③ 在 3 中, 初始化理想点。

④ 在 4 中, 为每个子问题随机分配 M 个个体, 每个约束子层关联一个个体。关联操作的伪码在算法 7-4 中给出, 其中 $x^{i,j}$ 表示第 i 个子问题的第 j 个约束子层所关联的个体。因为种群是随机生成的, 所以按照原种群中个体的顺序进行关联, 即可实现随机关联。

算法 7-3　初始化

输入: H_1: 外层目标坐标系中每个维度的划分数量; H_2: 内层目标坐标系中每个维度的划分数量; T: 邻居数量; M: 每个子问题的约束子层数。

输出: N: 种群大小; D: 参考方向向量集合; B: 邻居集合; I:K-D 树; P: 关联子问题的初始化种群; z^{ide}: 理想点。

1: $N, D, B, I \leftarrow \text{InitializeDirection}(H_1, H_2, T)$;
2: 初始化种群 $P' = \{y^1, y^2, \cdots, y^{NM}\}$;
3: 初始化理想点 $z^{\text{ide}} = (z_1^{\text{ide}}, z_2^{\text{ide}}, \cdots, z_m^{\text{ide}})$，其中 $z_j^{\text{ide}} = \min_{y \in P'} f_j(y)$;
4: $P \leftarrow \text{AssociateSubproblem}(P', N, M)$
5: return $N, D, B, I, P, z^{\text{ide}}$;

算法 7-4　关联子问题和个体

输入: P': 初始化的种群, $P' = \{y^1, y^2, \cdots, y^{NM}\}$; N: 种群规模; M: 每个子问题的约束子层数。

输出: P: 关联子问题的初始化种群。

1: $P \leftarrow \varnothing$;
2: **for** $i \in [1, \cdots, N]$ **do**
3: 　　**for** $j \in [1, \cdots, M]$ **do**
4: 　　　　$x^{i,j} \leftarrow y^{(i-1)*M+j}$;
5: 　　　　$P \leftarrow P \cup \{x^{i,j}\}$;
6: **return** P;

7.4.3　重组阶段

算法 7-2 中 4~5 为重组阶段，这一阶段的目标是生成后代新个体，包含选择、交叉和变异三个操作。选择父代个体的伪码如算法 7-5 所示，其中 Rand 函数的作用是在参数给定的范围生成一个随机数，RandPick 函数的作用是从一个集合中随机选择一个元素。选择操作的目标是为后续的交叉变异操作提供一个包含 N_p 个父代个体的集合。按照锥形分层选择机制，在算法 7-5 的 2~3 首先生成两个概率变

量 r_δ 和 r_θ，用来控制选择的 4 种情形。第一种情形是从邻居子问题的第一个约束子层或最后一个约束子层中选择，如算法 7-5 的 6~8 所示；第二种情况是从邻居子问题的所有约束子层中选择，如 10~11 所示；第三种情况是从所有子问题的第一个约束子层或最后一个约束子层中选择，如 13~15 所示；最后一种情况是从所有子问题的所有约束子层中选择，如 17~18 所示。此外交叉算子使用 MOEA/CD 中的重组算子自适应选择策略，变异算子使用多项式变异算子[77]对后代个体进行变异操作。

算法 7-5　选择父代个体

输入: i: 子问题下标; B: 邻居子问题下标集合; N: 种群规模; M: 每个子问题的约束子层数; N_p: 需要的父代个体数量; δ: 父代个体选择概率参数; θ: 父代个体选择概率参数。

输出: Q: 被选中的父代个体集合。

1 : $c \leftarrow 0$;
2 : $r_\delta \leftarrow \text{Rand}(0, 1)$;
3 : $r_\theta \leftarrow \text{Rand}(0, 1)$;
4 : **while** $c < N_p$ **do**
5 : 　　**if** $r_\delta < \delta_1$ **then**
6 : 　　　　$k \leftarrow \text{RandPick}(B^i)$;
7 : 　　　　**if** $r_\theta < \theta$ **then** $t \leftarrow 1$
8 : 　　　　**else** $t \leftarrow M$;
9 : 　　**else if** $r_\delta < \delta_2$ **then**
10: 　　　　$k \leftarrow \text{RandPick}(B^i)$;
11: 　　　　$t \leftarrow \text{RandPick}(\{1, \cdots, M\})$;
12: 　　**else if** $r_\delta < \delta_3$ **then**
13: 　　　　$k \leftarrow \text{RandPick}(\{1, \cdots, N\})$;
14: 　　　　**if** $r_\theta < \theta$ **then** $t \leftarrow 1$
15: 　　　　**else** $t \leftarrow M$;
16: 　　**else**
17: 　　　　$k \leftarrow \text{RandPick}(\{1, \cdots, N\})$;

18:     $t \leftarrow \text{RandPick}(\{1, \cdots, M\})$;
19:     $Q \leftarrow Q \cup x^{k,t}$;
20:     $c \leftarrow c + 1$;
21: **return** Q

7.4.4 更新阶段

在重组阶段生成的新个体，首先会被用于更新全局理想点，之后会根据锥形分层更新机制对种群进行更新，算法 7-6 给出了锥形分层更新过程的伪码。C-MOEA/CD 的锥形分层更新操作设置了两个方面的限制：一是限制被替换的最大个体数 n_r，即一个新个体最多可以成功替换种群中的 n_r 个个体；二是限制新个体的更新范围，即只允许更新其关联的子问题的邻居子问题。这两个方面的限制能够防止种群中大量个体被同一个个体替换，造成种群多样性降低的现象，也能防止优秀的新个体由于偏离其原父亲子问题方向向量较远而被抛弃的现象。

算法 7-6 锥形分层更新

输入: y: 新个体; P: 当前种群; B: 邻居子问题下标集合; I: K-D 树; M: 约束子层数; n_r: 可被新个体替换的最大数量; z^{ide}: 当前理想点。

输出: P: 更新后的种群

1 : $c \leftarrow 0$;
2 : $k \leftarrow \text{NearestRV}(y, z^{\text{ide}}, I)$;
3 : $G \leftarrow B^k$;
4 : **if** $c = n_r$ *or* $G = \varnothing$ **then**
5 :   **return** P;
6 : **else**
7 : $i \leftarrow \text{RandPick}(G)$;
8 : $t \leftarrow \text{LocateLayer}(y, i, M)$;
9 : $y^* \leftarrow \text{Compare}(y, x^{i,t}, t)$;
10:    **if** $y^* = y$ **then**
11:        $x^{i,t} \leftarrow y$;

12:　　　　$c \leftarrow c+1$;
13:　　　　从 G 中移除 i 并跳转到第 4 行;
14: **return** P;

在算法 7-6 中，首先初始化一个计数器 (1)，用于记录被替换的个体数。然后根据算法 3-2 查找到新个体的最匹配子问题为第 k 个子问题 (2)，并由此得到该子问题的邻居下标集合 G (3)。接下来更新 G 中的每个邻居子问题。首先根据算法 7-1 定位新个体位于邻居子问题的哪个约束子层 (8)，然后将该约束子层关联的个体和新个体按照约束子层比较规则进行对比 (9)，如果新个体优于原个体，则将其替换 (11)。算法 7-6 在每轮迭代时会判断被替换的个体数是否已达到最大限制或邻居子问题集合是否为空 (4)，若是则返回更新后的种群。算法 7-7 中给出了约束子层比较规则的伪码。根据所在的约束子层，参与比较的两个个体按照公式 (7-7) 的规则进行比较，最后返回更优的个体。

算法 7-7　约束子层比较规则

输入：y_1: 参与比较的第一个个体；y_2: 参与比较的第二个个体；t: 个体所在的约束子层下标。

输出：$y*$: 比较后更好的个体。

1 : $y^* \leftarrow y_2$;
2 : **if** $t = 1$ **then**
3 :　　　**if** $y_1 \triangleleft_{\mathrm{FFR}}^i y_2$ **then**
4 :　　　　　$y^* \leftarrow y_1$;
5 : **if** $t = M$ **then**
6 :　　　**if** $y_1 \triangleleft_{\mathrm{OFR}}^i y_2$ **then**
7 :　　　　　$y^* \leftarrow y_1$;
8 : **else**
9 :　　　**if** $y_1 \triangleleft_{\mathrm{CAI}}^i y_2$ **then**
10:　　　　　$y^* \leftarrow y_1$;
11: **return** y^*;

7.5 C-MOEA/CD 算法复杂度分析

在分析 C-MOEA/CD 的时间复杂度时,这里只考虑算法 7-2 的主循环中的每一代进化的时间复杂度。除去交叉和变异等基本的进化算子,C-MOEA/CD 在每一代进化中的主要计算开销存在于 4 的锥形分层选择,6 的理想点更新和 7 的个体锥形分层更新这三个操作中。锥形分层选择只需要 N_p 个个体,当交叉算子为 SBX 时 $N_p = 2$,当交叉算子为 DE 时 $N_p = 3$,因此,此处的开销非常小,可以认为锥形分层选择的时间复杂度为 $O(1)$。理想点更新操作需要找出每个目标最小值,因此只需要将原理想点和新个体进行 $O(m)$ 次比较,因此只需要 $O(m)$ 的时间复杂度。个体锥形分层更新的主要操作由子问题关联和邻居子问题约束子层定位两个部分组成。子问题关联时运用 K-D 树查询最匹配子问题的平均时间复杂度为 $O(m\log(N))$。而最多情况下需要为新个体定位其在 T 个邻居子问题上的约束子层,计算每个邻居子问题上的聚合目标值需要 $O(m)$ 次计算,共需要 $O(mT)$ 计算成本,因此整个个体锥形分层更新过程总的时间复杂度为 $O(m(T + \log N))$。

终上所述,除去基本的遗传操作,C-MOEA/CD 每一代执行的算法平均时间复杂度为 $O(m(T + \log N))$,这表明 C-MOEA/CD 拥有较好的运行效率。

7.6 实验结果与分析

本节将在 C-DTLZ 系列约束多目标优化标准测试问题对 C-MOEA/CD 算法的性能与运行效率进行实验验证。

7.6.1 实验配置

首先介绍实验相关的标准测试例、性能评估指标、对比算法及算法相关的参数设置。C-DTLZ 系列测试例是一组拓展自 DTLZ 系列测试例的约束多目标优化问题,由于其非常易于拓展到高维多目标空间,因而它已被广泛应用到测试与验证包括 C-MOEA/DD 和 C-NSGA-III在内的约束高维多目标进化算法的性能。本节实验也选用了 C-DTLZ 系列测试例作为标准测试例,包括两个障碍型约束多目标优化标准测试问题 C1-DTLZ1 和 C1-DTLZ3、两个断裂型约束多目标优化标准测试问题 C2-DTLZ2 和 Convex C2-DTLZ2 及两个消失型约束多目标优化标准测试问题

C3-DTLZ1 和 C3-DTLZ4。其中 Convex C2-DTLZ2 是拓展自 DTLZ2 的断裂型凸优化问题。上述 6 个约束多目标优化问题的数学表达式已在 6.1 节中给出。各个测试问题的目标数均设置为 $m \in \{3, 5, 8, 10, 15\}$，以便测试算法在各个维度的目标空间中处理约束问题的性能。

本节实验使用 2.4 节介绍的 IGD 和 IGD+ 作为性能指标，对算法取得的解集质量进行评估。本节实验也分别选择了几种流行的帕累托占优型约束多目标进化算法和分解型约束多目标进化算法作为 C-MOEA/CD 的对比算法。其中帕累托占优型约束多目标进化算法为 C-NSGA-III 和 C-MOEA/DD，分解型约束多目标进化算法为分别采用随机排序法、约束占优原则和约束容忍法等约束处理技术的 MOEA/D 变体版本，记为 C-MOEA/D-SR、C-MOEA/D-CDP 和 C-MOEA/D-ACV。本节实验中的所有算法都在基于 Java 语言的多目标优化框架 JMetal[82,83] 上实现。

本节实验中与算法相关的参数设置如下。

① 种群规模：种群规模 N 与方向向量的数量保持相等。本节实验采用文献 [19]、[96] 的方法，根据不同的目标数 m 使用单层或双层的方向向量生成方法。不同目标数对应的 H 值和种群规模 N 的设置如表 7-1 中所示给出。注意这些向量在 C-MOEA/D 和 C-MOEA/DD 中被称为权重向量，在 C-NSGA-III 中被称为参考点。

② 算法运行次数：每个算法在每个测试例上独立运行 25 次。

③ 算法终止条件：本节实验使用最大进化代数作为算法运行的终止条件。为了公平起见，C-MOEA/CD 在初始化时生成的个体数为其他算法的 M 倍，因此其他算法的进化代数比 C-MOEA/CD 多 $M-1$ 代。C-MOEA/CD 在各个测试例上的最大进化代数设置如表 7-2 所示。

表 7-1　实验中算法种群规模的设置情况

目标数 m	(H_1, H_2)	种群规模 N
3	(12, 0)	91
5	(6, 0)	210
8	(3, 2)	156
10	(3, 2)	275
15	(2, 1)	135

表 7-2 C-MOEA/CD 在各测试例上的最大进化代数

测试例	$m=3$	$m=5$	$m=8$	$m=10$	$m=15$
C1-DTLZ1	500	600	800	1000	1500
C1-DTLZ3	1000	1500	2500	3500	5000
C2-DTLZ2	250	350	500	750	1000
Convex C2-DTLZ2	250	750	1500	2500	3500
C3-DTLZ1	750	1250	2000	3000	4000
C3-DTLZ4	750	1250	2000	3000	4000

④ 邻居数：$T=20$。

⑤ 约束子层数：$M=5$。

⑥ 父代个体选择概率：$\delta=[0.81,0.09,0.09,0.01]$，$\theta=0.8$。

⑦ PBI 的惩罚参数：本节实验中所有算法使用的标量化聚合方法均为 PBI，其惩罚参数设为 5.0。

7.6.2　算法取得的解集质量

本节对各个算法得到的解集质量使用 IGD 和 IGD+ 指标进行全面对比，并结合前沿图和前沿的平行坐标图分别对带约束的低维和高维多目标问题进行直观的对比分析。

C1-DTLZ1 的帕累托前沿是一个线性超平面 $\sum_{i=1}^{m} f_i(\boldsymbol{x}^*)=0.5$，但在靠近前沿的地方存在一块不可行区域，算法需要跨过该不可行区域才能收敛到前沿。表 7-3 和表 7-4 分别给出了 6 种对比算法在 C1-DTLZ1 测试例上取得的 IGD 值和 IGD+ 值实验结果。其中每一个 IGD 值或 IGD+ 值在所有对比算法中的排序在 IGD 值和 IGD+ 值后的括号中标记，每一行数据的最优值以深灰为底色，次优值以浅灰为底色，本节实验中其余表格都同样以这种方式标记。从表 7-3 和表 7-4 中可以看出，同分解型约束多目标进化算法相比，C-MOEA/CD 在 3 目标至 15 目标 C1-DTLZ1 测试例上取得的各项数据均明显优于 C-MOEA/D-SR、C-MOEA/D-CDP 和 C-MOEA/D-ACV。相比于帕累托占优型算法 C-NSGA-III 和 C-MOEA/DD，C-MOEA/CD 也是明显取得了更好的解集质量，在表 7-3 和表 7-4 中的 30 项对比数据中有 28 项取得最佳。

表 7-3　各算法在 C1-DTLZ1 测试例上取得的 IGD 值 (最优值、中位值、最劣值)

指标	m	C-MOEA/D-SR	C-MOEA/D-CDP	C-MOEA/D-ACV	C-NSGA-III	C-MOEA/DD	C-MOEA/CD
IGD	3	0.007 920(5)	0.007 996(6)	0.007 904(4)	0.000 252(1)	0.006 452(3)	0.000 377(2)
		0.008 102(6)	0.008 079(5)	0.008 042(4)	0.001 488(2)	0.006 581(3)	0.001 213(1)
		0.008 191(5)	0.008 196(6)	0.008 092(4)	0.001 848(2)	0.006 644(3)	0.001 761(1)
	5	0.015 931(5)	0.016 829(6)	0.015 198(4)	0.001 469(2)	0.010 392(3)	0.000 330(1)
		0.016 908(4)	0.016 972(6)	0.016 918(5)	0.002 516(2)	0.010 449(3)	0.000 635(1)
		0.016 921(3)	0.017 155(4)	0.017 309(5)	0.023 580(6)	0.010 575(2)	0.001 257(1)
	8	0.028 592(3)	0.031 958(6)	0.031 913(5)	0.031 252(4)	0.023 650(2)	0.001 083(1)
		0.031 766(3)	0.032 530(4)	0.032 906(5)	0.038 039(6)	0.023 818(2)	0.002 019(1)
		0.033 218(4)	0.032 882(3)	0.034 186(5)	0.044 676(6)	0.025 434(2)	0.003 660(1)
	10	0.024 503(4)	0.026 204(5)	0.026 614(6)	0.019 098(3)	0.018 735(2)	0.000 745(1)
		0.026 236(3)	0.026 479(4)	0.027 233(5)	0.027 864(6)	0.019 273(2)	0.001 099(1)
		0.026 322(3)	0.026 848(4)	0.027 636(5)	0.034 865(6)	0.019 319(2)	0.001 278(1)
	15	0.053 338(6)	0.052 828(4)	0.053 049(5)	0.050 795(2)	0.052 530(3)	0.003 474(1)
		0.053 995(3)	0.054 016(4)	0.054 136(5)	0.063 311(6)	0.053 050(2)	0.005 237(1)
		0.055 100(4)	0.055 250(5)	0.054 919(3)	0.064 373(6)	0.053 561(2)	0.007 906(1)

表 7-4　各算法在 C1-DTLZ1 测试例上取得的 IGD+ 值 (最优值、中位值、最劣值)

指标	m	C-MOEA/D-SR	C-MOEA/D-CDP	C-MOEA/D-ACV	C-NSGA-III	C-MOEA/DD	C-MOEA/CD
IGD+	3	0.044 475(4)	0.044 802(6)	0.044 671(5)	0.001 586(1)	0.037 914(3)	0.001 732(2)
		0.045 827(6)	0.045 674(5)	0.044 889(4)	0.010 451(2)	0.038 238(3)	0.005 010(1)
		0.045 881(5)	0.046 348(6)	0.045 567(4)	0.012 850(2)	0.039 062(3)	0.007 346(1)
	5	0.136 065(5)	0.142 216(6)	0.129 936(4)	0.016 239(2)	0.082 383(3)	0.002 236(1)
		0.142 273(4)	0.143 313(6)	0.142 686(5)	0.028 822(2)	0.083 372(3)	0.004 720(1)
		0.143 103(4)	0.144 954(5)	0.149 665(6)	0.125 692(3)	0.084 403(2)	0.009 226(1)
	8	0.211 613(4)	0.232 189(6)	0.228 211(5)	0.163 546(3)	0.160 452(2)	0.006 722(1)
		0.234 319(5)	0.233 473(4)	0.239 865(6)	0.226 881(3)	0.163 258(2)	0.012 225(1)
		0.241 680(4)	0.238 110(3)	0.245 626(5)	0.276 775(6)	0.174 922(2)	0.024 800(1)
	10	0.215 475(4)	0.229 779(5)	0.233 964(6)	0.102 224(2)	0.161 631(3)	0.004 988(1)
		0.225 215(4)	0.233 493(5)	0.236 566(6)	0.192 674(3)	0.164 400(2)	0.008 983(1)
		0.228 381(3)	0.237 541(4)	0.241 237(5)	0.295 457(6)	0.169 392(2)	0.010 395(1)
	15	0.229 887(4)	0.232 371(5)	0.233 154(6)	0.216 887(2)	0.227 785(3)	0.014 262(1)
		0.234 598(3)	0.235 321(5)	0.235 250(4)	0.370 393(6)	0.228 885(2)	0.019 150(1)
		0.240 392(4)	0.244 332(5)	0.236 308(3)	0.386 415(6)	0.235 038(2)	0.034 689(1)

C-NSGA-III在较简单的 3 目标 C1-DTLZ1 测试例上的最优值虽然略优于 C-MOEA/CD，但其中位值和最劣值都稍逊于 C-MOEA/CD，说明 C-MOEA/CD 取得的解集质量稳定性更高。图 7-3 给出了各个对比算法在 15 目标 C1-DTLZ1 测试例上获得的 IGD 值为中位数的前沿平行坐标图。从图中可以看出，C-MOEA/CD 得到的解集多样性明显优于其他算法。

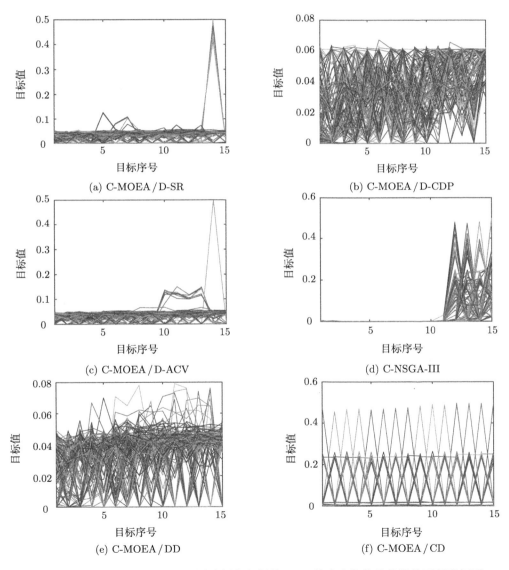

图 7-3 在 15 目标 C1-DTLZ1 测试例上取得的 IGD 值为中位数的前沿的平行坐标图

C1-DTLZ3 同 C1-DTLZ1 一样是障碍型约束多目标优化标准测试问题，其帕累托前沿是一个超球面 $\sum_{i=1}^{m} f_i^2(\boldsymbol{x}^*) = 1$，但在靠近前沿的地方存在一块不可行区域，算法需要跨过该不可行区域才能收敛到前沿。C1-DTLZ3 的求解难度比 C1-DTLZ1 更大，因为其不可行区域的跨度更大。表 7-5 和表 7-6 分别给出了 6 种对比算法在 C1-DTLZ3 测试例上取得的 IGD 值和 IGD+ 值实验结果。从表 7-5 和表 7-6 中可以看出，C-MOEA/CD 得到的解集质量要远远优于其他 5 种对比算法，在 30 项对比数据中都取得最佳。图 7-4 给出了各个对比算法在 15 目标 C1-DTLZ3 测试例上取得的 IGD 值为中位数的前沿平行坐标图。从图 7-4 中也可以看出，在高维多目标空间中，其他对比算法的非劣前沿上的点均存在一部分点的某个坐标值大于 1，只有 C-MOEA/CD 的结果能均匀分布在 0~1，也反映出 C-MOEA/CD 得到的解集具有更好的收敛效果。图 7-5 进一步更直观地展示了 C-NSGA-III 与 C-MOEA/CD 在 3 目标 C1-DTLZ3 测试例上取得的 IGD 值为中位数的前沿图。其中圆圈表示真实前沿，三角形表示算法获得的前沿。从图 7-5 可以看出，C-NSGA-III 得到的解集并没有跨越不可行区域，相比之下 C-MOEA/CD 得到的解集则收敛到

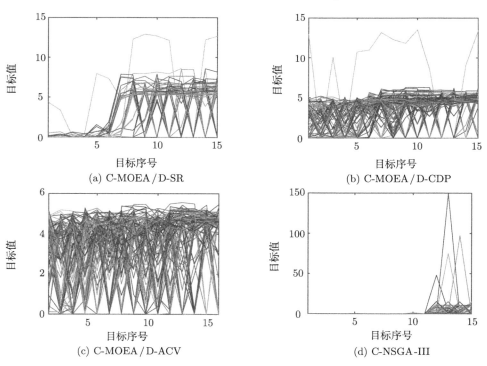

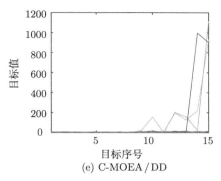
(e) C-MOEA/DD

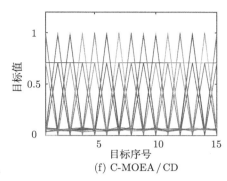
(f) C-MOEA/CD

图 7-4 在 15 目标 C1-DTLZ3 测试例上取得的 IGD 值为中位数的前沿的平行坐标图

真实前沿且分布均匀。结合表 7-5 和表 7-6 中的数据，C-MOEA/CD 取得的最佳 IGD 值的数量级大部分是 10^{-3}，而其他对比算法取得的数量级大部分是 10^{-1}，这说明只有 C-MOEA/CD 能够收敛到 C1-DTLZ3 测试例的真实前沿，其他对比算法大都陷入了局部最优前沿陷阱。

表 7-5 各算法在 C1-DTLZ3 测试例上取得的 IGD 值 (最优值、中位值、最劣值)

指标	m	C-MOEA/ D-SR	C-MOEA/ D-CDP	C-MOEA/ D-ACV	C-NSGA-III	C-MOEA/ DD	C-MOEA/ CD
IGD	3	0.840 420(5)	0.008 979(2)	0.839 761(4)	0.839 432(3)	0.893 157(6)	0.000 681(1)
		0.840 939(5)	0.840 020(3)	0.840 357(4)	0.839 878(2)	0.975 576(6)	0.008 016(1)
		0.841 746(5)	0.840 907(3)	0.841 374(4)	0.840 310(2)	1.721 188(6)	0.261 097(1)
	5	0.798 248(3)	0.798 275(4)	0.798 523(5)	0.797 895(2)	0.804 372(6)	0.000 057(1)
		0.798 641(3)	0.800 341(5)	0.799 288(4)	0.798 535(2)	0.811 174(6)	0.000 092(1)
		0.799 103(2)	0.801 445(5)	0.800 963(4)	0.800 330(3)	0.819 785(6)	0.000 487(1)
	8	0.941 878(4)	0.941 698(3)	0.941 945(5)	0.951 288(6)	0.937 893(2)	0.000 105(1)
		0.943 267(4)	0.942 962(3)	0.942 687(2)	0.952 956(6)	0.945 050(5)	0.001 233(1)
		0.944 238(3)	0.944 542(4)	0.943 584(2)	0.953 886(6)	0.952 592(5)	0.921 449(1)
	10	0.863 715(5)	0.862 955(3)	0.863 669(4)	0.868 920(6)	0.859 737(2)	0.000 377(1)
		0.864 263(4)	0.864 798(5)	0.864 083(3)	0.869 740(6)	0.860 327(2)	0.000 481(1)
		0.864 907(3)	0.866 197(5)	0.865 079(4)	0.872 563(6)	0.862 766(2)	0.000 720(1)
	15	1.250 336(3)	1.254 074(5)	1.251 175(4)	1.256 697(6)	1.243 059(2)	0.000 562(1)
		1.256 612(4)	1.257 086(5)	1.251 914(3)	1.257 402(6)	1.248 169(2)	0.000 781(1)
		1.260 889(5)	1.258 915(4)	1.254 765(3)	1.263 549(6)	1.250 985(2)	0.001 047(1)

表 7-6　各算法在 C1-DTLZ3 测试例上取得的 IGD+ 值 (最优值、中位值、最劣值)

指标	m	C-MOEA/D-SR	C-MOEA/D-CDP	C-MOEA/D-ACV	C-NSGA-III	C-MOEA/DD	C-MOEA/CD
IGD+	3	8.016 911(5)	0.034 538(2)	8.010 716(4)	8.007 626(3)	8.493 052(6)	0.006 235(1)
		8.021 755(5)	8.013 108(3)	8.016 314(4)	8.011 793(2)	9.303 602(6)	0.067 356(1)
		8.029 440(5)	8.021 580(3)	8.025 959(4)	8.015 916(2)	16.417 181(6)	2.489 148(1)
	5	11.564 686(3)	11.564 923(4)	11.568 256(5)	11.561 632(2)	11.654 979(6)	0.000 708(1)
		11.569 922(2)	11.594 528(5)	11.579 436(4)	11.570 721(3)	11.753 093(6)	0.001 210(1)
		11.576 172(2)	11.609 419(5)	11.602 977(4)	11.596 975(3)	11.872 213(6)	0.006 648(1)
	8	11.760 225(3)	11.760 658(4)	11.763 280(5)	11.863 789(6)	11.712 883(2)	0.001 116(1)
		11.777 986(4)	11.776 230(3)	11.772 134(2)	11.877 144(6)	11.802 515(5)	0.014 247(1)
		11.792 502(3)	11.796 427(4)	11.784 413(2)	11.889 257(5)	11.895 242(6)	11.508 881(1)
	10	14.321 509(5)	14.309 373(3)	14.321 316(4)	14.391 874(6)	14.255 157(2)	0.001 192(1)
		14.331 133(4)	14.340 274(5)	14.328 396(3)	14.403 615(6)	14.265 239(2)	0.001 593(1)
		14.342 259(3)	14.357 683(5)	14.344 917(4)	14.451 314(6)	14.304 374(2)	0.003 387(1)
	15	14.527 315(3)	14.570 420(5)	14.536 776(4)	14.578 606(6)	14.437 742(2)	0.001 432(1)
		14.596 195(5)	14.601 048(6)	14.545 690(3)	14.582 877(4)	14.500 667(2)	0.001 631(1)
		14.640 537(5)	14.624 726(4)	14.578 918(3)	14.654 542(6)	14.534 988(2)	0.002 328(1)

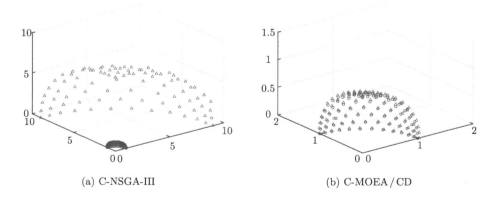

(a) C-NSGA-III　　(b) C-MOEA/CD

图 7-5　在 3 目标 C1-DTLZ3 测试例上取得的 IGD 值为中位数的前沿图

C2-DTLZ2 测试例拓展自 DTLZ2 测试例，其增加的约束条件使得原帕累托前沿的一部分变成了不可行区域，属于断裂型约束多目标优化标准测试问题。表 7-7 和表 7-8 分别给出了 6 种对比算法在 C2-DTLZ2 测试例上的 IGD 值和 IGD+ 值。

表 7-7　各算法在 C2-DTLZ2 测试例上取得的 IGD 值 (最优值、中位值、最劣值)

指标	m	C-MOEA/D-SR	C-MOEA/D-CDP	C-MOEA/D-ACV	C-NSGA-III	C-MOEA/DD	C-MOEA/CD
IGD	3	0.011 203(6)	0.010 490(5)	0.009 902(3)	0.000 299(2)	0.009 937(4)	0.000 169(1)
		0.011 849(6)	0.010 630(5)	0.010 224(4)	0.000 326(2)	0.009 975(3)	0.000 208(1)
		0.012 620(6)	0.010 844(5)	0.010 714(3)	0.000 567(1)	0.010 148(3)	0.001 572(2)
	5	0.030 809(4)	0.032 068(6)	0.031 607(5)	0.000 634(2)	0.017 951(3)	0.000 255(1)
		0.031 740(4)	0.032 481(6)	0.031 821(5)	0.000 705(2)	0.018 018(3)	0.000 362(1)
		0.031 880(4)	0.032 620(5)	0.032 764(6)	0.000 765(2)	0.018 358(3)	0.000 412(1)
	8	0.078 863(4)	0.083 898(6)	0.081 668(5)	0.002 145(2)	0.029 375(3)	0.000 640(1)
		0.080 461(4)	0.098 192(5)	0.121 005(6)	0.002 582(2)	0.031 953(3)	0.001 413(1)
		0.125 910(5)	0.130 041(6)	0.125 053(4)	0.122 726(3)	0.063 153(2)	0.002 376(1)
	10	0.069 980(3)	0.074 708(4)	0.088 355(6)	0.084 404(5)	0.026 004(2)	0.001 385(1)
		0.081 791(4)	0.076 306(3)	0.105 247(6)	0.095 124(5)	0.026 360(2)	0.001 631(1)
		0.088 537(3)	0.106 452(5)	0.108 240(6)	0.096 930(4)	0.027 834(2)	0.001 894(1)
	15	0.216 227(6)	0.210 953(3)	0.215 772(4)	0.215 804(5)	0.115 462(2)	0.006 084(1)
		0.220 538(3)	0.221 789(4)	0.221 845(5)	0.225 878(6)	0.144 679(2)	0.006 708(1)
		0.230 340(3)	0.230 916(4)	0.231 040(5)	0.236 108(6)	0.215 275(2)	0.009 878(1)

表 7-8　各算法在 C2-DTLZ2 测试例上取得的 IGD+ 值 (最优值、中位值、最劣值)

指标	m	C-MOEA/D-SR	C-MOEA/D-CDP	C-MOEA/D-ACV	C-NSGA-III	C-MOEA/DD	C-MOEA/CD
IGD+	3	0.029 799(5)	0.026 305(4)	0.025 226(3)	0.001 217(2)	0.036 053(6)	0.000 991(1)
		0.033 673(5)	0.027 206(4)	0.026 215(3)	0.001 615(2)	0.037 202(6)	0.001 082(1)
		0.035 518(5)	0.028 424(3)	0.028 894(4)	0.001 917(2)	0.039 257(6)	0.001 246(1)
	5	0.055 016(3)	0.055 977(5)	0.055 550(4)	0.003 915(2)	0.099 214(6)	0.001 971(1)
		0.056 016(3)	0.056 694(5)	0.056 313(4)	0.004 599(2)	0.101 954(6)	0.002 286(1)
		0.056 746(3)	0.057 313(4)	0.057 403(5)	0.004 819(2)	0.102 845(6)	0.002 933(1)
	8	0.418 271(4)	0.440 465(5)	0.520 366(6)	0.011 769(2)	0.200 823(3)	0.004 051(1)
		0.454 902(4)	0.551 587(5)	0.771 275(6)	0.013 411(2)	0.202 188(3)	0.008 396(1)
		0.772 398(4)	0.774 838(6)	0.774 607(5)	0.545 846(3)	0.318 136(2)	0.011 084(1)
	10	0.485 576(4)	0.565 342(5)	0.624 693(6)	0.416 789(3)	0.221 702(2)	0.002 672(1)
		0.534 029(4)	0.598 510(5)	0.815 080(6)	0.520 182(3)	0.225 612(2)	0.004 324(1)
		0.571 412(4)	0.815 991(5)	0.816 292(6)	0.522 442(3)	0.233 126(2)	0.004 592(1)
	15	0.785 122(4)	0.825 568(5)	0.786 075(3)	0.699 856(3)	0.453 718(2)	0.009 519(1)
		0.807 257(4)	0.842 289(6)	0.832 789(5)	0.766 051(3)	0.538 084(2)	0.011 999(1)
		0.893 816(5)	0.894 721(6)	0.892 924(4)	0.885 238(3)	0.866 587(2)	0.012 951(1)

从表 7-7 和表 7-8 中可以看出，C-MOEA/CD 在 30 项对比数据中有 29 项取得了最好结果。图 7-6 直观地展示了 C-NSGA-III 与 C-MOEA/CD 在 3 目标 C2-DTLZ2 测试例上取得的 IGD 值为中位数的前沿图。其中圆圈表示真实前沿，三角形表示算法获得的解集。从图 7-6 可以看出，C-NSGA-III 和 C-MOEA/CD 在 3 目标 C2-DTLZ2 测试例上都最终避开了不可行区域，取得了比较好的解集。图 7-7 给出了各个对比算法在 15 目标 C2-DTLZ2 测试例上取得的 IGD 值为中位数的前沿的平行坐标图。从图 7-7 中也可以看出，其他对比算法获得的解集多样性较差，尤其是在第 1~4 目标上取值范围非常狭窄，这表明它们只覆盖了前沿的一部分，而 C-MOEA/CD 则取得了分布较均匀覆盖较完整的解集。

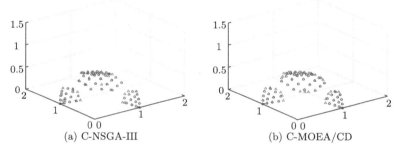

图 7-6 在 3 目标 C2-DTLZ2 测试例上取得的 IGD 值为中位数的前沿图

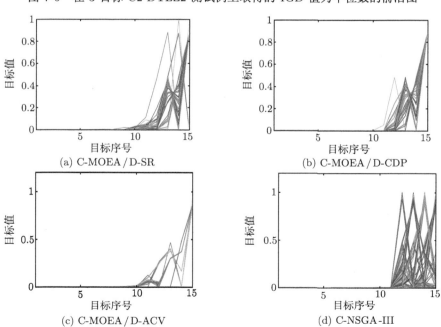

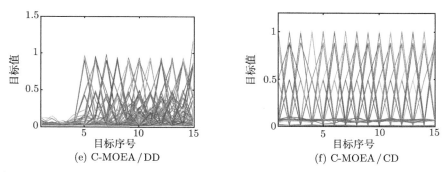

(e) C-MOEA/DD

(f) C-MOEA/CD

图 7-7 在 15 目标 C2-DTLZ2 测试例上取得的 IGD 值为中位数的前沿的平行坐标图

图 7-8 给出了各个对比算法在 15 目标 Convex C2-DTLZ2 测试例上得到的结果中 IGD 值为中位数的前沿的平行坐标图。从图 7-8 中也可以看出，在高维多目标空间中，只有 C-MOEA/CD 能够得到分布比较均匀的解集。

表 7-9 和表 7-10 分别给出了 6 种对比算法在 Convex C2-DTLZ2 测试例上的 IGD 值和 IGD+ 值。从表 7-9 和表 7-10 可以看出，C-MOEA/CD 在 30 项对比数据中有 16 项排名第一。在 3 目标和 5 目标 Convex C2-DTLZ2 测试问题上，C-NSGA-III取得比较好的结果，但在 8 目标、10 目标和 15 目标 Convex C2-DTLZ2

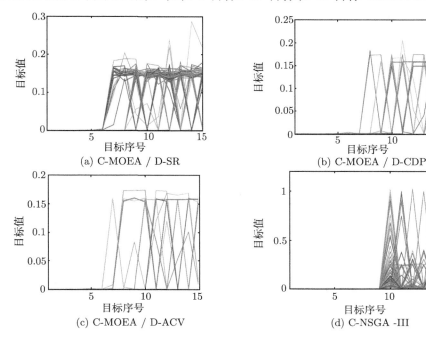

(a) C-MOEA / D-SR

(b) C-MOEA / D-CDP

(c) C-MOEA / D-ACV

(d) C-NSGA -III

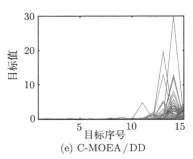
(e) C-MOEA/DD

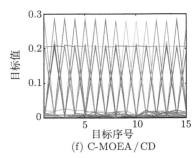
(f) C-MOEA/CD

图 7-8 在 15 目标 Convex C2-DTLZ2 测试例上取得的 IGD 值为中位数的前沿的平行坐标图

问题上，C-MOEA/CD 的解集质量优于其他算法，说明 C-MOEA/CD 更好地应对目标维度增大带来的挑战性问题。

C3-DTLZ1 测试例为消失型约束多目标优化标准测试问题，原前沿完全被不可行区域覆盖。表 7-11 和表 7-12 分别给出了 6 种对比算法在 C3-DTLZ1 测试例上的 IGD 值和 IGD+ 值。从表 7-11 和表 7-12 中可以看出，C-MOEA/CD 的

表 7-9 各算法在 Convex C2-DTLZ2 测试例上取得的 IGD 值 (最优值、中位值、最劣值)

指标	m	C-MOEA/D-SR	C-MOEA/D-CDP	C-MOEA/D-ACV	C-NSGA-III	C-MOEA/DD	C-MOEA/CD
IGD	3	0.017 914(4)	0.018 449(6)	0.018 415(5)	0.000 369(1)	0.017 088(3)	0.014 643(2)
		0.018 717(6)	0.018 511(4)	0.018 552(5)	0.000 723(1)	0.017 213(3)	0.015 834(2)
		0.018 850(6)	0.018 685(4)	0.018 721(5)	0.001 269(1)	0.017 454(3)	0.016 961(2)
	5	0.018 380(2)	0.018 768(4)	0.018 679(3)	0.001 478(1)	0.022 369(5)	0.022 525(6)
		0.018 675(2)	0.018 946(3)	0.019 004(4)	0.002 967(1)	0.023 173(6)	0.022 845(5)
		0.018 859(2)	0.019 791(4)	0.019 574(3)	0.004 197(1)	0.023 663(6)	0.023 125(5)
	8	0.045 854(4)	0.050 195(5)	0.050 308(6)	0.007 531(1)	0.034 213(2)	0.036 342(3)
		0.047 837(4)	0.051 270(6)	0.050 942(5)	0.035 052(1)	0.037 530(3)	0.036 430(2)
		0.049 703(4)	0.052 581(5)	0.053 226(6)	0.043 442(3)	0.038 208(2)	0.036 492(1)
	10	0.037 283(4)	0.040 689(5)	0.040 811(6)	0.029 385(3)	0.026 224(1)	0.026 939(2)
		0.039 536(4)	0.041 364(6)	0.041 056(5)	0.034 396(3)	0.027 199(2)	0.026 957(1)
		0.042 673(5)	0.042 155(4)	0.043 446(6)	0.038 851(3)	0.027 819(2)	0.027 010(1)
	15	0.042 390(4)	0.042 873(5)	0.043 539(6)	0.036 193(3)	0.033 098(2)	0.024 781(1)
		0.042 931(4)	0.043 127(5)	0.044 557(6)	0.041 106(3)	0.034 201(2)	0.024 795(1)
		0.044 209(4)	0.044 617(5)	0.046 465(6)	0.043 603(3)	0.035 357(2)	0.024 810(1)

表 7-10　各算法在 Convex C2-DTLZ2 测试例上取得的 IGD+ 值 (最优值、中位值、最劣值)

指标	m	C-MOEA/D-SR	C-MOEA/D-CDP	C-MOEA/D-ACV	C-NSGA-III	C-MOEA/DD	C-MOEA/CD
IGD+	3	0.031 475(4)	0.031 668(6)	0.031 564(5)	0.001 564(1)	0.022 780(3)	0.008 566(2)
		0.031 756(4)	0.032 153(6)	0.032 140(5)	0.002 137(1)	0.023 976(3)	0.008 928(2)
		0.033 767(6)	0.033 312(5)	0.033 204(4)	0.002 720(1)	0.024 718(3)	0.009 742(2)
	5	0.098 574(4)	0.100 320(5)	0.101 343(6)	0.008 307(1)	0.026 104(3)	0.012 029(2)
		0.099 309(4)	0.101 699(5)	0.101 728(6)	0.011 336(1)	0.027 671(3)	0.012 5 85(2)
		0.102 114(4)	0.102 790(6)	0.102 232(5)	0.021 625(2)	0.029 129(3)	0.012 839(1)
	8	0.191 843(5)	0.188 211(4)	0.193 379(6)	0.027 837(2)	0.047 958(3)	0.007 947(1)
		0.198 211(4)	0.209 863(6)	0.203 190(5)	0.050 479(2)	0.055 301(3)	0.008 500(1)
		0.208 832(4)	0.226 175(6)	0.222 773(5)	0.082 607(3)	0.062 467(2)	0.010 352(1)
	10	0.204 831(4)	0.217 457(6)	0.213 695(5)	0.057 482(3)	0.044 914(2)	0.005 967(1)
		0.216 048(4)	0.222 888(6)	0.218 200(5)	0.081 416(3)	0.049 882(2)	0.006 429(1)
		0.227 975(5)	0.227 277(4)	0.228 122(6)	0.113 937(3)	0.057 400(2)	0.006 649(1)
	15	0.248 423(6)	0.243 027(4)	0.244 558(5)	0.117 607(3)	0.100 133(2)	0.005 417(1)
		0.250 925(4)	0.253 749(5)	0.258 501(6)	0.159 583(3)	0.146 040(2)	0.005 961(1)
		0.266 273(6)	0.265 604(5)	0.263 649(4)	0.191 197(3)	0.178 659(2)	0.007 135(1)

表 7-11　各算法在 C3-DTLZ1 测试例上取得的 IGD 值 (最优值、中位值、最劣值)

指标	m	C-MOEA/D-SR	C-MOEA/D-CDP	C-MOEA/D-ACV	C-NSGA-III	C-MOEA/DD	C-MOEA/CD
IGD	3	0.008 643(4)	0.009 132(6)	0.009 082(5)	0.001 242(2)	0.006 457(3)	0.000 376(1)
		0.009 084(4)	0.009 230(5)	0.009 245(6)	0.002 497(2)	0.006 542(3)	0.000 558(1)
		0.010 177(6)	0.009 256(4)	0.009 405(5)	0.007 658(2)	0.007 695(3)	0.000 797(1)
	5	0.015 632(4)	0.017 166(5)	0.017 189(6)	0.000 645(2)	0.010 824(3)	0.000 035(1)
		0.017 209(6)	0.017 205(4)	0.017 206(5)	0.000 735(2)	0.010 949(3)	0.000 056(1)
		0.017 238(5)	0.017 213(4)	0.017 242(6)	0.001 275(2)	0.011 190(3)	0.000 157(1)
	8	0.036 388(5)	0.035 816(3)	0.036 225(4)	0.036 519(6)	0.022 404(2)	0.000 122(1)
		0.037 200(5)	0.036 540(3)	0.036 891(4)	0.044 074(6)	0.022 526(2)	0.000 314(1)
		0.037 642(5)	0.037 246(4)	0.037 220(3)	0.044 926(6)	0.023 012(2)	0.000 451(1)
	10	0.028 954(5)	0.029 380(6)	0.028 778(4)	0.000 845(2)	0.018 068(3)	0.000 218(1)
		0.029 753(4)	0.029 558(3)	0.029 873(5)	0.032 342(6)	0.018 184(2)	0.000 291(1)
		0.030 025(4)	0.029 769(3)	0.030 112(5)	0.036 337(6)	0.018 461(2)	0.000 341(1)
	15	0.053 726(3)	0.055 846(5)	0.055 120(4)	0.059 260(6)	0.048 760(2)	0.000 321(1)
		0.056 302(3)	0.056 548(5)	0.056 361(4)	0.063 755(6)	0.049 612(2)	0.000 454(1)
		0.056 402(3)	0.056 677(5)	0.056 649(4)	0.064 599(6)	0.050 146(2)	0.005 175(1)

表 7-12　各算法在 C3-DTLZ1 测试例上取得的 IGD+ 值 (最优值、中位值、最劣值)

指标	m	C-MOEA/D-SR	C-MOEA/D-CDP	C-MOEA/D-ACV	C-NSGA-III	C-MOEA/DD	C-MOEA/CD
IGD+	3	0.045 594(6)	0.041 795(4)	0.042 003(5)	0.005 432(2)	0.030 415(3)	0.001 735(1)
		0.048 234(6)	0.043 594(5)	0.042 686(4)	0.014 365(2)	0.031 655(3)	0.002 118(1)
		0.079 538(6)	0.043 794(2)	0.046 798(3)	0.057 926(4)	0.058 600(5)	0.003 204(1)
	5	0.136 131(4)	0.140 928(6)	0.140 437(5)	0.001 579(2)	0.078 723(3)	0.000 218(1)
		0.144 793(6)	0.141 196(4)	0.143 080(5)	0.002 075(2)	0.079 068(3)	0.000 289(1)
		0.146 487(5)	0.146 201(4)	0.146 631(6)	0.012 890(2)	0.081 734(3)	0.001 209(1)
	8	0.265 888(6)	0.256 640(4)	0.258 314(5)	0.193 078(3)	0.143 373(2)	0.001 015(1)
		0.267 806(6)	0.262 259(3)	0.266 853(5)	0.266 125(4)	0.151 128(2)	0.001 320(1)
		0.269 582(4)	0.267 618(3)	0.269 694(5)	0.287 820(6)	0.156 604(2)	0.002 527(1)
	10	0.254 594(6)	0.252 568(5)	0.251 576(4)	0.005 562(2)	0.150 860(3)	0.001 164(1)
		0.255 331(4)	0.254 468(3)	0.255 818(5)	0.256 844(6)	0.155 059(2)	0.001 619(1)
		0.257 069(5)	0.256 625(4)	0.256 593(3)	0.321 043(6)	0.159 724(2)	0.002 642(1)
	15	0.235 832(3)	0.235 901(4)	0.236 164(5)	0.317 492(6)	0.217 411(2)	0.001 583(1)
		0.236 314(4)	0.236 202(3)	0.236 886(5)	0.375 208(6)	0.228 672(2)	0.002 318(1)
		0.243 310(5)	0.237 563(3)	0.238 764(4)	0.391 277(6)	0.229 417(2)	0.017 865(1)

30 项对比数据均优于其他算法。图 7-9 直观地呈现了 C-NSGA-III 和 C-MOEA/CD 在 3 目标 C3-DTLZ1 测试例上得到的结果中 IGD 值为中位数的前沿图，其中圆圈表示真实前沿，三角形表示算法得到的解集。从图 7-9 可以看出，C-NSGA-III 和 C-MOEA/CD 都取得了比较好的收敛效果，但 C-MOEA/CD 在前沿上分布得更加均匀。图 7-10 给出了各个对比算法在 15 目标 C3-DTLZ1 测试例上得到的结果中

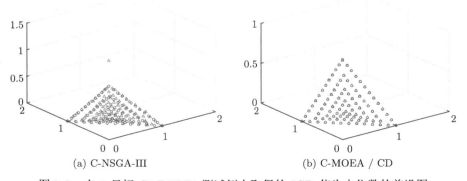

图 7-9　在 3 目标 C3-DTLZ1 测试例上取得的 IGD 值为中位数的前沿图

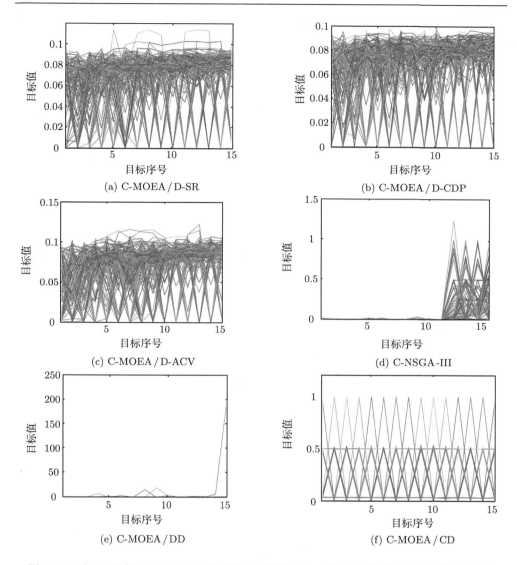

图 7-10 在 15 目标 C3-DTLZ1 测试例上取得的 IGD 值为中位数的前沿的平行坐标图

IGD 值为中位数的前沿的平行坐标图。从图 7-10 中也可以看出，C-NSGA-III 的解集多样性较差，尤其是在第 1~11 目标上取值范围非常狭窄，这表明它们只覆盖了前沿的一部分，而 C-MOEA/CD 则取得了分布较均匀覆盖较完整的解集。

C3-DTLZ4 测试例为消失型约束多目标优化标准测试问题，原前沿也完全被不可行区域所覆盖。表 7-13 和表 7-14 分别给出了 6 种对比算法在 C3-DTLZ4 测试例

表 7-13　各算法在 C3-DTLZ4 测试例上取得的 IGD 值 (最优值、中位值、最劣值)

指标	m	C-MOEA/D-SR	C-MOEA/D-CDP	C-MOEA/D-ACV	C-NSGA-III	C-MOEA/DD	C-MOEA/CD
IGD	3	0.013 665(6)	0.007 784(4)	0.007 797(5)	0.000 893(2)	0.006 868(3)	0.000 330(1)
		0.014 952(6)	0.008 029(5)	0.007 972(4)	0.001 425(2)	0.006 910(3)	0.000 389(1)
		0.016 425(5)	0.008 255(4)	0.056 409(6)	0.001 496(2)	0.006 996(3)	0.000 659(1)
	5	0.017 478(5)	0.017 471(4)	0.017 583(6)	0.001 506(2)	0.010 891(3)	0.000 228(1)
		0.017 615(4)	0.017 635(5)	0.017 703(6)	0.001 823(2)	0.010 930(3)	0.000 263(1)
		0.017 842(4)	0.018 191(6)	0.018 069(5)	0.001 986(2)	0.010 966(3)	0.000 317(1)
	8	0.038 307(4)	0.039 394(6)	0.039 320(5)	0.002 261(2)	0.021 642(3)	0.001 045(1)
		0.039 437(4)	0.039 992(6)	0.039 602(5)	0.002 533(2)	0.022 651(3)	0.001 330(1)
		0.040 400(6)	0.040 098(5)	0.040 084(4)	0.002 776(2)	0.023 142(3)	0.001 963(1)
	10	0.031 339(4)	0.032 058(6)	0.031 773(5)	0.001 805(2)	0.018 010(3)	0.000 959(1)
		0.031 512(4)	0.032 483(6)	0.032 047(5)	0.002 133(2)	0.018 366(3)	0.001 256(1)
		0.031 962(4)	0.032699(6)	0.032 318(5)	0.002 440(2)	0.018 621(3)	0.001 817(1)
	15	0.055 282(4)	0.056 535(5)	0.057 552(6)	0.002 751(2)	0.038 716(3)	0.002 657(1)
		0.056 153(4)	0.057 450(5)	0.058 670(6)	0.003 447(2)	0.041 853(3)	0.002 779(1)
		0.058 253(5)	0.058 030(4)	0.059 503(6)	0.004 366(2)	0.042 929(3)	0.003 134(1)

表 7-14　各算法在 C3-DTLZ4 测试例上取得的 IGD+ 值 (最优值、中位值、最劣值)

指标	m	C-MOEA/D-SR	C-MOEA/D-CDP	C-MOEA/D-ACV	C-NSGA-III	C-MOEA/DD	C-MOEA/CD
IGD+	3	0.056 664(6)	0.028 249(5)	0.026 238(4)	0.004 673(2)	0.025 766(3)	0.001 859(1)
		0.057 125(6)	0.029 787(4)	0.031 528(5)	0.005 220(2)	0.026 396(3)	0.002 048(1)
		0.059 318(5)	0.030 618(4)	0.201 374(6)	0.005 438(2)	0.027 579(3)	0.002 455(1)
	5	0.095 072(6)	0.090 455(4)	0.091 679(5)	0.011 884(2)	0.062 221(3)	0.001 956(1)
		0.095 785(6)	0.093 194(4)	0.093 403(5)	0.012 567(2)	0.062 999(3)	0.002 077(1)
		0.096 149(5)	0.096 881(6)	0.094 809(4)	0.013 585(2)	0.065 058(3)	0.002 251(1)
	8	0.323 635(4)	0.331 045(6)	0.330 077(5)	0.013 439(2)	0.118 311(3)	0.003 467(1)
		0.333 452(5)	0.337 066(6)	0.333 148(4)	0.017 134(2)	0.118 566(3)	0.004 013(1)
		0.345 762(6)	0.338 365(4)	0.339 270(5)	0.018 594(2)	0.118 708(3)	0.006 215(1)
	10	0.367 167(4)	0.371 382(6)	0.368 140(5)	0.013 919(2)	0.121 782(3)	0.003 212(1)
		0.369 159(4)	0.376 209(6)	0.371 574(5)	0.016 868(2)	0.122 846(3)	0.003 829(1)
		0.374 368(4)	0.377 902(6)	0.374 530(5)	0.019 108(2)	0.123 942(3)	0.005 399(1)
	15	0.439 972(4)	0.443 625(5)	0.446 346(6)	0.008 517(2)	0.371 629(3)	0.005 355(1)
		0.441 837(4)	0.445 714(5)	0.450 598(6)	0.011 031(2)	0.385 859(3)	0.005 811(1)
		0.449 436(5)	0.448 354(4)	0.451 615(6)	0.015 058(2)	0.389 568(3)	0.006 495(1)

上的 IGD 值和 IGD+ 值。从表 7-13 和表 7-14 中可以看出，C-MOEA/CD 的 30 项对比数据均优于其他算法。图 7-11 给出了各种对比算法在 15 目标 C3-DTLZ4 测试例上得到的结果中 IGD 值为中位数的前沿的平行坐标图。从图 7-11 中可以看出，C-NSGA-III 与 C-MOEA/CD 都取得了比其他算法多样性更好的解集，并且 C-MOEA/CD 获得的解集多样性比 C-NSGA-III 稍好。

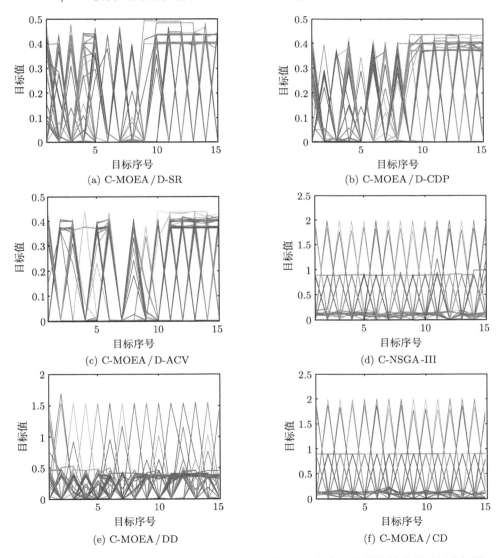

图 7-11 在 15 目标 C3-DTLZ4 测试例上取得的 IGD 值为中位数的前沿的平行坐标图

综上所述，C-MOEA/CD 算法在表 7-3~表 7-14 的 6 个约束多目标优化测试问题的共 180 项对比数据中，总计有 163 项取得最佳。特别是在 C1-DTLZ3 测试问题上，只有 C-MOEA/CD 成功收敛到了真正的前沿，其他对比算法都因不可行障碍区域而陷入了局部最优前沿陷阱。从前沿图和平行坐标图的对比也可以看出，C-MOEA/CD 无论在低维还是高维多目标约束优化问题上，都取得了比其他算法总体上更优的解集质量。总之，从以上实验结果对比分析可以看出 C-MOEA/CD 在求解约束多目标及约束高维多目标优化问题时，能取得总体质量非常高的解集。

7.6.3 算法运行效率

图 7-12 给出了各种对比算法在各约束多目标优化测试例上的运行时间的直方图。从图 7-12 中可以看出，随着测试例维度的升高，算法的运行时间越来越长，而 10 目标测试例上的运行时间大部分比 15 目标测试例上更长，这是因为在实验参数配置中，10 目标问题上设置的种群规模比 15 目标问题大得多。由于 C-NSGA-III 和 C-MOEA/DD 属于帕累托占优型多目标进化算法，C-MOEA/D-SR、C-MOEA/D-CDP、C-MOEA/D-ACV 及 C-MOEA/CD 属于分解型进化算法，从图 7-12 中可以发现这些分解型算法的运行时间都远低于帕累托占优型多目标进化算法，这也验证了分解型算法的运行效率普遍高于帕累托占优型多目标进化算法。C-MOEA/D 系列算法和 C-MOEA/CD 的运行效率非常接近，在某些问题上 C-MOEA/D 系列算法的运行效率会略高于 C-MOEA/CD。结合前述的解集质量分析，可以发现 C-MOEA/CD 在运行效率接近 C-MOEA/D 系列算法的情况下，其取得的解集质量要好很多。

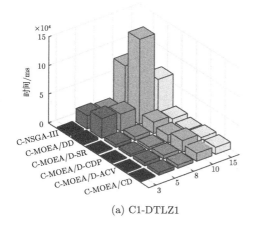

(a) C1-DTLZ1

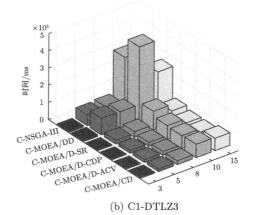

(b) C1-DTLZ3

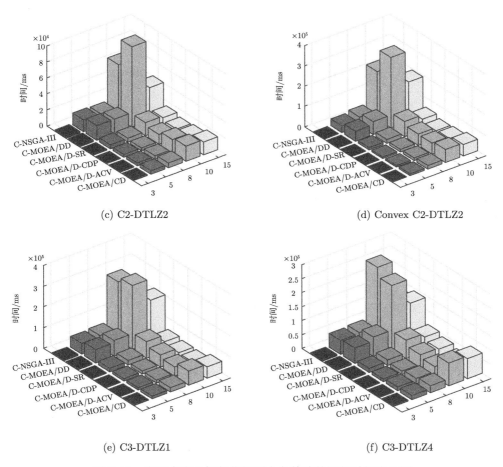

图 7-12 在约束多目标优化问题上各算法的运行时间直方图

第 8 章　锥形分解约束高维多目标进化算法的工程应用

水资源规划问题及机床规划加工问题是两个典型的约束高维多目标优化问题，本章介绍这两个问题的数学模型，并应用前述的锥形分解约束高维多目标进化算法 C-MOEA/CD 等求解这两个实际工程问题，对比分析其应用效果。

8.1　在水资源规划上的应用

8.1.1　水资源规划问题的目标与约束模型

水资源规划问题 [97,98] 是一个关于城市暴雨排水系统的约束高维多目标优化问题。如图 8-1 所示，城市暴雨排水系统有一下几个方面的功能。第一，对降水进行运输、储蓄和净化后进入承接水域，实现对降水资源的再利用；第二，作为城市

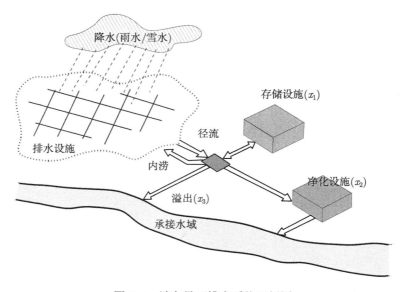

图 8-1　城市暴雨排水系统示例图

排水系统承担防洪排涝的任务，保障城市正常的经济生产和居民生活；第三，需要对水中各种物质的含量进行检测以避免引入污染，保证城市水源的生态平衡。为了同时实现这些功能，需要对城市暴雨排水系统进行优化，让其在满足多个约束条件的同时将各种成本降到最低。水资源规划问题的具体数学表示如公式 (8-1)~ 公式 (8-13) 所示。

$$\text{minimize} \quad \boldsymbol{F}(\boldsymbol{x}) = (f_1(\boldsymbol{x}), f_2(\boldsymbol{x}), f_3(\boldsymbol{x}), f_4(\boldsymbol{x}), f_5(\boldsymbol{x}))^{\text{T}} \tag{8-1}$$

$$f_1(\boldsymbol{x}) = 106780.37(x_2 + x_3) + 61704.67 \tag{8-2}$$

$$f_2(\boldsymbol{x}) = 3000.0 x_1 \tag{8-3}$$

$$f_3(\boldsymbol{x}) = 30570 \times 0.02289.0 x_2/(0.06 \times 2289.0)^{0.65} \tag{8-4}$$

$$f_4(\boldsymbol{x}) = 250.0 \times 2289.0 \exp{-39.75 x_2 + 9.9 x_3 + 2.74} \tag{8-5}$$

$$f_5(\boldsymbol{x}) = 25.0((1.39/(x_1 x_2)) + 4940.0 x_3 - 80.0) \tag{8-6}$$

$$g_1(\boldsymbol{x}) = 0.00139/(x_1 x_2) + 4.94 x_3 - 0.08 \leqslant 1 \tag{8-7}$$

$$g_2(\boldsymbol{x}) = 0.00036/(x_1 x_2) + 1.082 x_3 - 0.08 \leqslant 1 \tag{8-8}$$

$$g_3(\boldsymbol{x}) = 12.307/(x_1 x_2) + 49408.24 x_3 + 4051.02 \leqslant 50000 \tag{8-9}$$

$$g_4(\boldsymbol{x}) = 2.098/(x_1 x_2) + 8046.33 x_3 - 696.71 \leqslant 16000 \tag{8-10}$$

$$g_5(\boldsymbol{x}) = 2.138/(x_1 x_2) + 7883.39 x_3 - 705.04 \leqslant 10000 \tag{8-11}$$

$$g_6(\boldsymbol{x}) = 0.417(x_1 x_2) + 1721.26 x_3 - 136.54 \leqslant 2000 \tag{8-12}$$

$$g_7(\boldsymbol{x}) = 0.164/(x_1 x_2) + 631.13 x_3 - 54.48 \leqslant 550 \tag{8-13}$$

其中，$\boldsymbol{x} = (x_1, x_2, x_3)^{\text{T}}$

$$0.01 \leqslant x_1 \leqslant 0.45, \ 0.01 \leqslant x_2 \leqslant 0.10, \ 0.01 \leqslant x_3 \leqslant 0.10.$$

水资源规划问题的决策变量 $\boldsymbol{x} = (x_1, x_2, x_3)^{\text{T}}$ 包括 3 个维度：

① 第一个维度 x_1 表示局部蓄水容量；
② 第二个维度 x_2 表示最大净化速度；
③ 第三个维度 x_3 表示最大容许溢出速度。

水资源规划问题需要优化 5 个目标 $F(x) = (f_1(x), f_2(x), f_3(x), f_4(x), f_5(x))^T$：

① 第一个目标 f_1 表示排水道网络费用，如公式 (8-2) 所示；
② 第二个目标 f_2 表示蓄水设备费用，如公式 (8-3) 所示；
③ 第三个目标 f_3 表示净化设备费用，如公式 (8-4) 所示；
④ 第四个目标 f_4 表示洪灾直接损失费用，如公式 (8-5) 所示；
⑤ 第五个目标 f_5 表示洪灾间接造成的经济损失费用，如公式 (8-6) 所示。

水资源规划问题的解需要满足 7 个约束条件：

① 第一个约束条件 g_1 表示平均每年洪灾次数限制，如公式 (8-7) 所示；
② 第二个约束条件 g_2 表示平均每年洪灾水量限制，如公式 (8-8) 所示；
③ 第三个约束条件 g_3 表示平均每年漂浮固体的数量限制，如公式 (8-9) 所示；
④ 第四个约束条件 g_4 表示平均每年可沉淀固体的重量限制，如公式 (8-10) 所示；
⑤ 第五个约束条件 g_5 表示平均每年生物化学氧气需求的重量限制，如公式 (8-11) 所示；
⑥ 第六个约束条件 g_6 表示平均每年氮气需求的重量限制，如公式 (8-12) 所示；
⑦ 第七个约束条件 g_7 表示平均每年正磷酸盐需求的重量限制，如公式 (8-13) 所示。

8.1.2 算法应用与分析

本节应用 C-MOEA/D-SR、C-MOEA/DD 和前述的 C-MOEA/CD 等求解上述水资源规划问题，并对解集质量进行对比分析，评估 C-MOEA/CD 算法求解实际工程问题的性能。由于 IGD 值的计算需要使用测试问题真实前沿上的代表点集，然而在求解实际工程问题时，其真实前沿往往是不可知的，因此本节实验采用超体积 [99,100] 值作为性能指标。从直观上看，超体积描述的是非劣解集在目标空间中所占优的区域的大小，其计算方法在公式 (8-14) 中给出，其中符号 $\lambda(\cdots)$ 表示括号中参数所描述区域的大小度量。超体积指标不仅能够衡量非劣解集和真实前沿的逼近程度，还能反映解集在前沿上的多样性，而且超体积的计算不依赖于真实前沿。然而随着目标数的增加，超体积的计算成本将急剧增加，这使得超体积并不适合作为非常高维多目标优化问题的评估指标。

$$HV(A, \boldsymbol{z}^r) = \lambda \left(\bigcup_{\boldsymbol{x} \in A} [f_1(\boldsymbol{x}), z_1^r] \times \cdots \times [f_m(\boldsymbol{x}), z_m^r] \right) \tag{8-14}$$

计算超体积需要选择一个参考点，本章实验都采用文献 [101]、[102] 中推荐的方法，将参考点设为 $1.1\hat{z}^{\text{nad}}$，这里 $\hat{z}^{\text{nad}}$ 是每个问题的天底点。本章实验在计算超体积之前将非劣解集中的每个目标向量的尺度按照 $\overline{y_i} = \dfrac{y_i - \hat{z}_i^{\text{ide}}}{\hat{z}_i^{\text{nad}} - \hat{z}_i^{\text{ide}}}$ 进行标准化处理，$i \in \{1, \cdots, m\}$，从而将每个目标向量映射到 $[0,1]^m$ 区间内。因此，计算超体积的参考点在标准化处理之后就转变为 $(1.1, \cdots, 1.1)$，如果某个个体没能占优参考点，则该个体在计算超体积时会被剔除。最后，将计算得到的超体积值除以由 $(0, \cdots, 0)$ 和参考点 $(1.1, \cdots, 1.1)$ 所包围的超立方体的超体积，从而得到一个 $[0,1]$ 区间内标准化后的超体积值。在本节实验中，用于计算水资源规划问题解集的标准超体积的近似理想点和近似天底点如表 8-1 所示。在本节实验中，水资源规划问题的种群规模设为 $N = 210$，最大运行代数设为 1000 代。每个算法在上述水资源规划问题上独立运行 25 次。

表 8-1　水资源规划问题上用于计算超体积值的近似理想点和近似天底点

问题名称	近似理想点 $\hat{z}^{\text{ide}}$	近似天底点 $\hat{z}^{\text{nad}}$
水资源规划问题	(63 840.277 4, 44.802 950 388 730 02, 285 346.896 494 178, 183 749.967 060 928 38, 7.222 222 222 221 93)	(77 282.096 903 301 4, 1 350.0, 2 853 468.964 941 78, 7 885 544.778 071 534, 24 999.924 323 437 346)

表 8-2 统计了各算法在水资源规划问题上取得的超体积值实验结果，包括最优值、中位值与最劣值。其中每一个超体积值后面括号中的数字表示在所有对比算法中该超体积值的排序，每一行数据的最优值以灰色为底色进行标记。从表 8-2 中可以看出，C-MOEA/CD 在水资源规划问题上的 3 项对比数据中都取得最优的实验结果。图 8-2 展示在水资源规划问题上各算法取得的超体积值为中位数的前沿的平行坐标图。从图 8-2 中可以看出该问题的各个目标之间具有较大的尺度差异性，并且 C-MOEA/CD 与 C-MOEA/D-SR 取得的收敛效果更好，C-MOEA/DD 获得的

解集中个别解明显没有收敛到前沿上。进一步可以看出 C-MOEA/CD 取得的前沿的平行坐标图中线的分布明显比其余两种对比算法更加密集，说明 C-MOEA/CD 取得的前沿具有更均匀的分布。这些实验结果表明 C-MOEA/CD 能够更好地求解水资源规划问题。

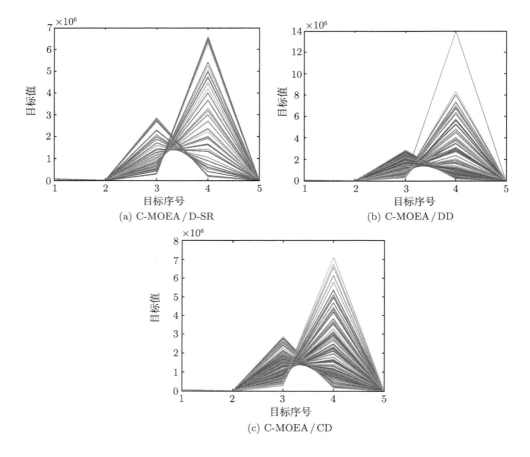

图 8-2　各算法在水资源规划问题上取得的超体积值为中位数的前沿的平行坐标图

表 8-2　各算法在水资源规划问题上取得的超体积实验结果（最优值、中位值、最劣值）

测试问题	目标数 m	C-MOEA/D-SR	C-MOEA/DD	C-MOEA/CD
水资源规划问题	5	$0.441\ 15_{(2)}$	$0.410\ 44_{(3)}$	$0.466\ 86_{(1)}$
		$0.429\ 10_{(2)}$	$0.389\ 25_{(3)}$	$0.465\ 46_{(1)}$
		$0.392\ 50_{(2)}$	$0.371\ 28_{(3)}$	$0.461\ 02_{(1)}$

8.2 在机床规划加工上的应用

8.2.1 机床规划加工问题的目标与约束模型

机床规划加工问题 [98,103] 指在一定的约束条件下，通过优化技术参数来保证机床加工产品的规格和质量的约束多目标优化问题，其中共有 4 个目标和 3 个约束。

机床规划加工问题的决策变量包括 3 个维度：

① 第一个维度与切削速度 v 有关，切削速度范围为 $600 \leqslant v \leqslant 1200$ sfm，其中 sfm 表示英尺每分钟，1 sfm $= 0.305$ m/min；

② 第二个维度与装料速度 f 有关，装料速度范围为 $0.002 \leqslant f \leqslant 0.018$ ipr，其中 ipr 表示英寸每转；

③ 第三个维度与切削深度 d 有关，切削深度范围为 $0.05 \leqslant d \leqslant 0.10$ in，其中 in 表示英寸，1 in $= 2.54$ cm。

给定一个决策变量，便可通过公式 (8-15)~公式 (8-18) 计算得到该产品的 4 个质量标准，分别是最小化表面粗糙度 (Surface Roughness, SR)、最大化表面完整性 (Surface Integrity, SI)、最大化工具生命周期 (Tool Life, TL) 和最大化金属切削速度 (Metal Removal Rate, MRR)。

$$\ln(\text{SR}) = 7.49 - 0.44\ln(v) + 1.16\ln(1000f) - 0.61\ln(1000d) \tag{8-15}$$

$$\ln(\text{SI}) = -4.13 + 0.92\ln(v) - 0.16\ln(1000f) + 0.43\ln(1000d) \tag{8-16}$$

$$\ln(\text{TL}) = 21.90 - 1.94\ln(v) - 0.30\ln(1000f) - 1.04\ln(1000d) \tag{8-17}$$

$$\ln(\text{MRR}) = -11.33 + \ln(v) + \ln(1000f) + \ln(1000d) \tag{8-18}$$

此外，机床规划加工问题还带有三个限定条件：SR $\leqslant 75\mu$in、SI $\geqslant 50\%$ 和 TL $\geqslant 30$min。这导致机床规划加工问题最终需要满足下面三个约束条件，分别如公式 (8-19)~公式 (8-21) 所示。

$$-0.44\ln(v) + 1.16\ln(1000f) - 0.61\ln(1000d) \leqslant -3.17 \tag{8-19}$$

$$-0.92\ln(v) + 0.16\ln(1000f) - 0.43\ln(1000d) \leqslant -0.804 \tag{8-20}$$

$$1.94\ln(v) + 0.30\ln(1000f) + 1.04\ln(1000d) \leqslant 18.50 \tag{8-21}$$

因此机床规划加工问题最终可以建模为 4 个目标的最小化问题，如公式 (8-22)∼公式 (8-29) 所示，注意此时决策变量 $\boldsymbol{x} = (x_1, x_2, x_3)^{\mathrm{T}}$ 的三个维度分别被重新定义为 $x_1 = \ln(v)$，$x_2 = \ln(1000f)$ 和 $x_3 = \ln(1000d)$。

$$\text{minimize} \quad \boldsymbol{F}(\boldsymbol{x}) = (f_1, f_2, f_3, f_4)^{\mathrm{T}} \tag{8-22}$$

$$f_1(\boldsymbol{x}) = \ln(\text{SR}) = 7.49 - 0.44x_1 + 1.16x_2 - 0.61x_3 \tag{8-23}$$

$$f_2(\boldsymbol{x}) = -\ln(\text{SI}) = 4.13 - 0.92x_1 + 0.16x_2 - 0.43x_3 \tag{8-24}$$

$$f_3(\boldsymbol{x}) = -\ln(\text{TL}) = -21.90 + 1.94x_1 + 0.30x_2 + 1.04x_3 \tag{8-25}$$

$$f_4(\boldsymbol{x}) = -\ln(\text{MRR}) = 11.33 - x_1 - x_2 - x_3 \tag{8-26}$$

$$\text{subject to} \quad g_1(\boldsymbol{x}) = -0.44x_1 + 1.16x_2 - 0.61x_3 \leqslant -3.17 \tag{8-27}$$

$$g_2(\boldsymbol{x}) = -0.92x_1 + 0.16x_2 - 0.43x_3 \leqslant -0.804 \tag{8-28}$$

$$g_3(\boldsymbol{x}) = 1.94x_1 + 0.30x_2 - 1.04x_3 \leqslant 18.50 \tag{8-29}$$

8.2.2 算法应用与分析

与水资源规划问题一样，本节实验也应用 C-MOEA/D-SR、C-MOEA/DD 和 C-MOEA/CD 求解上述机床规划加工问题。本节实验中的超体积计算方法与水资源规划问题的实验一样。机床规划加工问题上用于计算超体积值的近似理想点和近似天底点如表 8-3 所示。本节实验中机床规划加工问题的种群规模设为 $N = 165$，最大运行代数设为 750 代。每种算法在机床规划加工问题上独立运行 25 次。

表 8-3　机床规划加工问题上用于计算超体积值的近似理想点和近似天底点

问题名称	近似理想点 z^{ide}	近似天底点 z^{nad}
机床规划加工问题	(2.416 761 855 879 305 4, −3.978 853 845 576 508 3, −3.985 236 933 779 858 3, −1.579 511 419 888 553)	(3.571 283 006 634 979, −3.729 999 999 999 998 6, −3.399 999 999 999 996, −0.300 630 446 505 226 97)

表 8-4 统计了各算法在机床规划加工问题上取得的超体积值实验结果，包括最优值、中位值与最劣值。其中每种算法取得的超体积值在所有对比算法中的排序使用该超体积值后面括号中的数字进行标记，每一行数据的最优值以灰色为底色进

行标记。从表 8-4 中可以看出，C-MOEA/CD 在机床规划加工问题上的 3 项对比数据中全部都取得最优的实验结果。图 8-3 展示了在机床规划加工问题上各算法取得的超体积值为中位数的前沿的平行坐标图。从图 8-3 中可以看出该机床规划加工问题的非劣解的第一个目标取正值，其余三个目标均取负值，C-MOEA/CD 取得的前沿的平行坐标图中的线比其余两种对比算法分布得稍密集一些，这意味着 C-

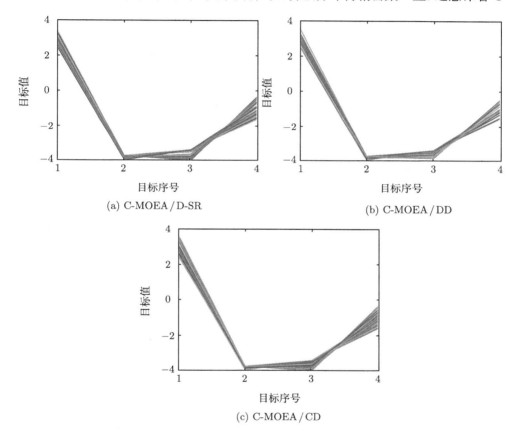

图 8-3 在机床规划加工问题上各算法取得的超体积值为中位数的前沿的平行坐标图

表 8-4 各算法在机床规划加工问题上取得的超体积实验结果 (最优值、中位值、最劣值)

测试例	目标数 m	C-MOEA/D-SR	C-MOEA/DD	C-MOEA/CD
机床规划加工问题	4	0.233 45$_{(3)}$	0.244 94$_{(2)}$	0.271 82$_{(1)}$
		0.219 77$_{(2)}$	0.212 35$_{(3)}$	0.269 85$_{(1)}$
		0.205 21$_{(2)}$	0.179 72$_{(3)}$	0.266 88$_{(1)}$

MOEA/CD 取得的解集在前沿上分布更均匀。这些实验结果表明了 C-MOEA/CD 也能够很好地求解机床规划加工问题。

8.3 小　　结

锥形分解高维多目标进化算法及其扩展版本已经成功应用于多个领域的多目标与高维多目标优化问题，以及复杂约束多目标优化问题等。锥形分解高维多目标进化算法在保持较好的计算效率优势的同时，在 2 目标、3 目标、5 目标及更高维多目标优化无约束标准测试例及工程问题上求得的结果已经非常接近真实前沿，可有效帮助决策人员在面对多目标及高维多目标优化问题时做出更合理的决策。此外，在有尺度差异、不规则前沿的高维多目标优化问题上，锥形分解高维多目标进化算法的相应扩展处理机制也能取得很好的效果。尤其是在带约束的复杂多目标优化工程问题上，扩展后的锥形分解约束高维多目标进化算法能很有效地处理约束，取得高质量的可行非劣解集。

当然在一些领域的更复杂多目标优化问题上，锥形分解高维多目标进化算法的应用效果应该还有很大的提升与改进空间。特别是神经网络架构搜索等更复杂的昂贵多目标优化问题为多目标进化算法提出了新的挑战。此时，多目标进化算法的分布式并行设计和代理评估模型辅助技术，应该非常有助于从硬件、软件两方面有效降低进化算法在这些问题上昂贵的精确评价时间成本。目前而言，多目标及高维多目标进化算法的设计与应用研究开展得如火如荼、方兴未艾，如果各位感兴趣且有不错的创意，也请及早进行算法的改进设计、实现与应用，以便抢占先机。

参 考 文 献

[1] Yu C J, Teo K L, Zhang L S, et al. A new exact penalty function method for continuous inequality constrained optimization problems[J]. Journal of Industrial & Management Optimization, 2017, 6(4): 895-910.

[2] Gao S Y, Chen W W. A partition-based random search for stochastic constrained optimization via simulation[J]. IEEE Transactions on Automatic Control, 2017, 62(2): 740-752.

[3] Zhou A M, Qu B Y, Li H, et al. Multiobjective evolutionary algorithms: A survey of the state of the art[J]. Swarm and Evolutionary Computation, 2011, 1(1): 32-49.

[4] Fan Z, Li W J, Cai X Y, et al. Push and pull search for solving constrained multi-objective optimization problems[J]. Swarm and Evolutionary Computation, 2019: 665-679.

[5] Li K, Chen R Z, Fu G T, et al. Two-archive evolutionary algorithm for constrained multiobjective optimization[J]. IEEE Transactions on Evolutionary Computation, 2019, 23(2): 303-315.

[6] Ying W Q, Deng Y L, Wu Y, et al. A cone decomposition many-objective evolutionary algorithm with adaptive direction penalized distance[C]//Qiao J Y, Zhao X C, Pan L Q, et al. Bio-inspired Computing: Theories and Applications. Singapore: Springer, 2018: 389-400.

[7] Fonseca C M, Fleming P J. An overview of evolutionary algorithms in multiobjective optimization[J]. Evolutionary Computation, 2014, 3(1): 1-16.

[8] 公茂果, 焦李成, 杨咚咚, 等. 进化多目标优化算法研究[J]. 软件学报, 2009, 20(2): 271-289.

[9] 王勇, 蔡自兴, 周育人, 等. 约束优化进化算法[J]. 软件学报, 2009, 20(1): 11-29.

[10] Coello C A C, Lamont G B, van Veldhuizen D A, et al. Evolutionary algorithms for solving multi-objective problems[M]. Second Edition. New York: Springer, 2007.

[11] Molina G, Alba E, Talbi E G. Optimal sensor network layout using multi-objective

[12] Alba E, Molina G. Optimal wireless sensor network layout with metaheuristics: Solving a large-scale instance[C]//International Conference on Large-Scale Scientific Computing, 2007: 527-535.

[13] Özdemir S, Bara'a A A, Khalil Ö A. Multi-objective evolutionary algorithm based on decomposition for energy efficient coverage in wireless sensor networks[J]. Wireless Personal Communications, 2013, 71(1): 195-215.

[14] Chen Z F, Zhou Y R, Zhao X R, et al. A historical solutions based evolution operator for decomposition-based many objective optimization[J]. Swarm and Evolutionary Computation , 2018, 41: 167-189.

[15] Zhang X Y, Tian Y, Jin Y C. Approximate non-dominated sorting for evolutionary many-objective optimization[J]. Information Sciences, 2016, 369: 14-33.

[16] Zhao H T, Zhang C S, Zhang B, et al. Decomposition-based sub-problem optimal solution updating direction-guided evolutionary many-objective algorithm[J]. Information Sciences, 2018, 448-449: 91-111.

[17] Rostami S, Neri F. A fast hypervolume driven selection mechanism for many-objective optimisation problems[J]. Swarm and Evolutionary Computation, 2017, 34: 50-67.

[18] Ying W Q, Xie Y H, Xu X Y, et al. An effcient and universal conical hypervolume evolutionary algorithm in three or higher dimensional objective space[C]//IEICE Transactions on Fundamentals of Electronics, Communications and Computer Sciences 98, 2015, (11): 2330-2335.

[19] Li K, Deb K, Zhang Q F, et al. An evolutionary many-objective optimization algorithm based on dominance and decomposition[J]. IEEE Transactions on Evolutionary Computation, 2015, 19(5): 694-716.

[20] 马永杰, 云文霞. 遗传算法研究进展[J]. 计算机应用研究, 2012, 29(4): 1201-1210.

[21] Wang L P, Zhang Q F, Zhou A M, et al. Constrained subproblems in a decomposition-based multiobjective evolutionary algorithm[J]. IEEE Transactions on Evolutionary Computation, 2016, 20(3): 475-480.

[22] Deb K, Pratap A, Agarwal S, et al. A fast and elitist multiobjective genetic algorithm: NSGA-II[J]. IEEE transactions on evolutionary computation, 2002, 6(2): 182-197.

[23] Das S S, Islam M M, Arafat N A. Evolutionary algorithm using adaptive fuzzy domi-

nance and reference point for many-objective optimization[J]. Swarm and evolutionary computation, 2019, 44: 1092-1107.

[24] Zitzler E, Laumanns M, Thiele L. SPEA2: Improving the strength Pareto evolutionary algorithm[C]//Proceeding of the Eurogen Conference, 2001, 3242: 95-100.

[25] Zitzler E, Künzli S. Indicator-based selection in multiobjective search[C]//Proceeding International Conference on Parallel Problem Solving from Nature, 2004: 832-842.

[26] Zapotecas-Martnez S, Lpez-Jaimes A, Garca-Njera A. Libea: A lebesgue indicator-based evolutionary algorithm for multi objective optimization[J]. Swarm and Evolutionary Computation, 2019, 44: 404-419.

[27] Beume N, Naujoks B, Emmerich M. SMS-EMOA: Multi-objective selection based on dominated hypervolume[J]. European Journal of Operational Research, 2007, 181(3): 1653-1669.

[28] Zhang Q F, Li H. MOEA/D: A multi-objective evolutionary algorithm based on decomposition[J]. IEEE Transactions on Evolutionary Computation, 2007, 11(6): 712-731.

[29] Ying W Q, Xu X, Y Feng Y X, et al. An Efficient Conical Area Evolutionary Algorithm for Bi-objective Optimization[J]. IEICE Transactions on Fundamentals of Electronics, Communications and Computer Sciences, 2012, 95(8): 1420-1425.

[30] Ishibuchi H, Tsukamoto N, Nojima Y. Evolutionary many-objective optimization: A short review[C]//Proceeding IEEE congress on evolutionary computation, 2008: 2419-2426.

[31] 孔维健, 丁进良, 柴天佑. 高维多目标进化算法研究综述[J]. 控制与决策, 2010, 25(3): 321-326.

[32] 田野. 高维多目标优化算法的若干关键问题研究[D]. 合肥: 安徽大学, 2015.

[33] 雷宇曜, 姜文志, 刘立佳, 等. 基于子目标进化的高维多目标优化算法[J]. 北京航空航天大学学报, 2015, 41(10): 1910-1917.

[34] Horn J, Nafpliotis N, Goldberg D E. A niched Pareto genetic algorithm for multi-objective optimization[C]//Proceedings of the First IEEE Conference on Evolutionary Computation, 1994: 82-87.

[35] Deb K, Jain H. An evolutionary many-objective optimization algorithm using reference-point-based nondominated sorting approach, part I: Solving problems with box con-

straints[J]. IEEE Transactions on Evolutionary Computation, 2014, 18(4): 577-601.

[36] Wang Z K, Zhang Q F, Gong M G, et al. A replacement strategy for balancing convergence and diversity in MOEA/D[C]// Proceeding IEEE Congress on Evolutionary Computation (CEC), 2014: 2132-2139.

[37] 袁源. 基于分解的多目标进化算法及其应用 [D]. 北京: 清华大学, 2015.

[38] Li H, Zhang Q F. Multiobjective optimization problems with complicated Pareto sets, MOEA/D and NSGA-II[J]. IEEE Transactions on Evolutionary Computation, 2009, 13(2): 284-302.

[39] Wang L P, Zhang Q F, Zhou A M, et al. Constrained subproblems in a decomposition-based multiobjective evolutionary algorithm[J]. IEEE Transactions on Evolutionary Computation, 2016, 20(3): 475-480.

[40] Wang Z K, Zhang Q F, Zhou A M, et al. Adaptive replacement strategies for MOEA/D[J]. IEEE transactions on cybernetics, 2015, 46(2): 474-486.

[41] 谢悦鸿. 基于锥形分解的高维目标进化算法设计与应用[D]. 广州: 华南理工大学, 2017.

[42] Deb K. An efficient constraint handling method for genetic algorithms[J]. Computer methods in applied mechanics and engineering, 2000, 186(2-4): 311-338.

[43] Liang J J, Runarsson T P, Mezura-Montes E, et al. Problem definitions and evaluation criteria for the CEC 2006 special session on constrained real-parameter optimization[R]. International Journal of Computer Assisted Radiology & Surgery, 2005: 1-24.

[44] Kim T H, Maruta I, Sugie T. A simple and efficient constrained particle swarm optimization and its application to engineering design problems[C]//Proceedings of the Institution of Mechanical Engineers, Part C: Journal of Mechanical Engineering Science, 2010, 224(2): 389-400.

[45] Baykasoğu A, Şener Akpinar. Weighted superposition attraction (WSA): A swarm intelligence algorithm for optimization problems-part 2: Constrained optimization[J]. Applied Soft Computing, 2015, 37: 396-415.

[46] Michalewicz Z, Attia N. Evolutionary optimization of constrained problems[C]//Proceedings of the 3rd annual conference on evolutionary programming, 1994: 98-108.

[47] Runarsson T P, Yao X. Search biases in constrained evolutionary optimization[J]. IEEE Transactions on Systems, Man, and Cybernetics, Part C (Applications and

Reviews), 2005, 35(2): 233-243.

[48] Jan M A, Khanum R A. A study of two penalty-parameterless constraint handling techniques in the framework of MOEA/D[J]. Applied Soft Computing, 2013, 13(1): 128-148.

[49] Woldesenbet Y G, Yen G G, Tessema B G. Constraint handling in multiobjective evolutionary optimization[J]. IEEE Transactions on Evolutionary Computation, 2009, 13(3): 514-525.

[50] 何伟鹏. 锥形分解多目标进化算法的约束处理技术研究[D]. 广州: 华南理工大学, 2018.

[51] Ying W Q, Wu B, Wu Y, et al. Efficient conical area differential evolution with biased decomposition and dual populations for constrained optimization[J]. Complexity, 2019: 7125037.

[52] Ming M J, Wang R, Zha Y B, et al. Pareto adaptive penalty-based boundary intersection method for multi-objective optimization[J]. Information Sciences, 2017, 414: 158-174.

[53] Messac A, Ismail-Yahaya A, Mattson C A. The normalized normal constraint method for generating the Pareto frontier[J]. Structural and multidisciplinary optimization, 2003, 25(2): 86-98.

[54] Asafuddoula M, Ray T, Sarker R, et al. An adaptive constraint handling approach embedded MOEA/D[C]//Proceeding IEEE Congress Evolutionary Computation, 2012: 1-8.

[55] Miettinen K. Nonlinear Multiobjective Optimization[M]. Massachusetts: Kluwer Academic Publishers, 1999.

[56] Deb K, Agrawal R B. Simulated binary crossover for continuous search space[J]. Complex Systems, 1995, 9(2): 115-148.

[57] Wazir H, Jan M A, Mashwani W K, et al. A penalty function based differential evolution algorithm for constrained optimization[J]. Nucleus, 2016, 53(1): 155-166.

[58] Storn R, Price K. Differential evolution-a simple and efficient heuristic for global optimization over continuous spaces[J]. Journal of Global Optimization, 1997, 11(4): 341-359.

[59] Lin Q Z, Zhu Q L, Huang P Z, et al. A novel hybrid multi-objective immune algorithm with adaptive differential evolution[J]. Computers & Operations Research, 2015, 62:

95-111.

[60] Purshouse R C. On the evolutionary optimisation of many objectives[D]. Sheffield: University of Sheffield, 2003.

[61] While L, Bradstreet L, Barone L. A fast way of calculating exact hypervolumes[J]. IEEE Transactions on Evolutionary Computation, 2012, 16(1): 86-95.

[62] Ishibuchi H, Masuda H, Nojima Y. A study on performance evaluation ability of a modied inverted generational distance indicator[C]//Proceedings of the 2015 Annual Conference on Genetic and Evolutionary Computation, 2015: 695-702.

[63] Zitzler E, Thiele L, Laumanns M, et al. Performance assessment of multiobjective optimizers: an analysis and review[J]. IEEE Transactions on Evolutionary Computation, 2003, 7(2): 117-132.

[64] Zhang Q F, Zhou A M, Zhao S Z, et al. Multiobjective optimization test instances for the CEC 2009 special session and competition[R]. University of Essex, Colchester, UK and Nanyang technological University, Singapore, special session on performance assessment of multi-objective optimization algorithms, 2008: 1-30.

[65] Ishibuchi H, Akedo N, Nojima Y. Behavior of multiobjective evolutionary algorithms on many-objective knapsack problems[J]. IEEE Transactions on Evolutionary Computation, 2015, 19(2): 264-283.

[66] Ishibuchi H, Masuda H, Nojima Y. A study on performance evaluation ability of a modified inverted generational distance indicator[C]//Proceedings of the 2015 Annual Conference on Genetic and Evolutionary Computation, 2015: 695-702.

[67] Zitzler E. Evolutionary algorithms for multiobjective optimization: Methods and applications[D]. Zurich: Swiss Federal Institute of Technology Zurich, 1999.

[68] Laumanns M, Zitzler E, Thiele L. A unified model for multi-objective evolutionary algorithms with elitism[C]//Proceedings of the 2000 Congress on Evolutionary Computation, 2000: 46-53.

[69] Fleischer M. The measure of Pareto optima applications to multi-objective metaheuristics[C]//International Conference on Evolutionary Multi-Criterion Optimization, 2003: 519-533.

[70] Bader J, Zitzler E. HypE: An algorithm for fast hypervolume-based many-objective optimization[J]. Evolutionary computation, 2011, 19(1): 45-76.

[71] Bentley J L. Multidimensional binary search trees used for associative searching[J]. Communications of the ACM, 1975, 18(9): 509-517.

[72] Cheng R, Jin Y C, Olhofer M, et al. A reference vector guided evolutionary algorithm for many-objective optimization[J]. IEEE Transactions on Evolutionary Computation, 2016, 20(5): 773-791.

[73] 刘琛, 林盈, 胡晓敏. 差分演化算法各种更新策略的对比分析[J]. 计算机科学与探索, 2013, 7(11): 983-993.

[74] Tasgetiren M F, Suganthan P N. A multi-populated differential evolution algorithm for solving constrained optimization problem[C]//IEEE Congress on Evolutionary Computation, 2006: 33-40.

[75] Kukkonen S, Lampinen J. Constrained real-parameter optimization with generalized differential evolution[C]//IEEE Congress on Evolutionary Computation, 2006: 207-214.

[76] Huang V L, Qin A K, Suganthan P N. Self-adaptive differential evolution algorithm for constrained real-parameter optimization[C]//IEEE Congress on Evolutionary Computation, 2006: 17-24.

[77] Deb K, Goyal M. A combined genetic adaptive search (GeneAS) for engineering design[J]. Computer Science and Informatics, 1996, 26: 30-45.

[78] Liu H L, Gu F Q, Zhang Q F. Decomposition of a multiobjective optimization problem into a number of simple multiobjective subproblems[J]. IEEE Transactions on Evolutionary Computation, 2014, 18(3): 450-455.

[79] Deb K, Thiele L, Laumanns M, et al. Scalable Test Problems for Evolutionary Multiobjective Optimization[M]. London: Springer, 2005: 105-145.

[80] Zitzler E, Thiele L. Multiobjective evolutionary algorithms: a comparative case study and the strength Pareto approach[J]. IEEE Transactions on Evolutionary Computation, 1999, 3(4): 257-271.

[81] While L, Hingston P, Barone L, et al. A faster algorithm for calculating hypervolume[J]. IEEE Transactions on Evolutionary Computation, 2006, 10(1): 29-38.

[82] Durillo J J, Nebro A J. jMetal: A Java framework for multi-objective optimization[J]. Advances in Engineering Software, 2011, 42(10): 760-771.

[83] Nebro A J, Durillo J J, Vergne M. Redesigning the jMetal multi-objective optimization

framework[C]//Proceeding Annual Conference on Genetic and Evolutionary Computation, 2015: 1093-1100.

[84] Jain H, Deb K. An evolutionary many-objective optimization algorithm using reference-point based nondominated sorting approach, part II: Handling constraintsand extendingtoan adaptive approach[J]. IEEE Transactions on Evolutionary Computation, 2014, 18(4): 602-622.

[85] Liao X T, Li Q, Yang X J, et al. Multiobjective optimization for crash safety design of vehicles using stepwise regression model[J]. Structural and Multidisciplinary Optimization, 2008, 35 (6): 561-569.

[86] Deb K, Padmanabhan D, Gupta S, et al. Reliability-based multi-objective optimization using evolutionary algorithms[C]//International Conference on Evolutionary Multi-Criterion Optimization, 2007: 66-80.

[87] Gong D W, Ji X F. Optimizing interval higher-dimensional multi-objective problems using set-based evolutionary algorithms incorporated with preferences[J]. Control Theory & Applications, 2013, 30 (11): 1369-1383.

[88] 张晶, 翟鹏程, 张本源. 惩罚函数法在遗传算法处理约束问题中的应用[J]. 武汉理工大学学报, 2002, 24(2): 56-59.

[89] Liu J J, Teo K L, Wang X Y, et al. An exact penalty function-based differential search algorithm for constrained global optimization[J]. Soft Computing, 2016, 20(4): 1305-1313.

[90] Mezura-Montes E, Coello C A C. Constraint-handling in nature-inspired numerical optimization: Past, present and future[J]. Swarm & Evolutionary Computation, 2011, 1(4): 173-194.

[91] Wang Y, Cai Z. Combining multiobjective optimization with differential evolution to solve constrained optimization problems[J]. IEEE Transactions on Evolutionary Computation, 2012, 16(1): 117-134.

[92] Runarsson T P, Yao X. Stochastic ranking for constrained evolutionary optimization[J]. IEEE Transactions on evolutionary computation, 2000, 4(3): 284-294.

[93] Runarsson T P, Yao X. Search biases in constrained evolutionary optimization[J]. IEEE Transactions on Systems, Man, and Cybernetics, Part C (Applications and Reviews), 2005, 35(2): 233-243.

[94] Ying W Q, He W P, Huang Y X, et al. An adaptive stochastic ranking mechanism in MOEA/D for constrained multi-objective optimization[C]//Information System and Artificial Intelligence (ISAI), 2016 International Conference on, 2016: 514-518.

[95] Deb K, Pratap A, Agarwal S, et al. A fast and elitist multiobjective genetic algorithm: NSGA-II[J]. IEEE transactions on evolutionary computation, 2002, 6(2): 182-197.

[96] Das I. Dennis J E. Normal-boundary intersection: A new method for generating the Pareto surface in nonlinear multicriteria optimization problems[J]. SIAM Journal on Optimization, 1998, 8(3): 631-657.

[97] Ray T, Tai K, Seow K C. Multiobjective design optimization by an evolutionary algorithm[J]. Engineering Optimization, 2001, 33(4): 399-424.

[98] Ghiassi M, Devor R E, Dessouky I M, et al. An application of multiple criteria decision making principles for planning machining operations[J]. IIE Transactions, 1984, 16(2): 106-114.

[99] Luo J, Yang Y, Li X, et al. A decomposition-based multi-objective evolutionary algorithm with quality indicator[J]. Swarm and Evolutionary Computation, 2018, 39: 339-355.

[100] Auger A, Bader J, Brockhoff D, et al. Theory of the hypervolume indicator: optimal μ-distributions and the choice of the reference point[C]//Proceeding tenth ACM SIGEVO workshop on Foundations of genetic algorithms, 2009: 87-102.

[101] Bechikh S, Coello C A C. Advances in evolutionary multi objective optimization[J]. Swarm and Evolutionary Computation, 2018, 40: 155-157.

[102] Zhang Y, Gong D W, Sun J Y, et al. A decomposition-based archiving approach for multi-objective evolutionary optimization[J]. Information Sciences, 2018, 430-431: 397-413.

[103] Jain H, Deb K. An improved adaptive approach for elitist nondominated sorting genetic algorithm for many-objective optimization (A^2-NSGA-III)[C]//Purshouse R C, Fleming P J, Fonseca C M, et al. Evolutionary Multi-Criterion Optimization. Berlin: Springer, 2013: 307-321.